과학자들은 왜 깊은 바다로 갔을까?

과학자들은 **왜** 깊은 바다로 갔을까?

바닷속 뜨거운 물 이야기

책임저자 **김동성**

기획·감수 **최영호**

바다와 생명의 관계는 어떠한가?

이 거대한 문제의 답을 찾는 일은 어렵지만 지금도 꾸준히 연구 중이다.

거대한 문제에는 거대한 해결책이 아닌 수많은 작은 해결책들이 답을 준다.

바다는 육지와 달리 단지 드넓기만 한 평면적 공간이 아니다.

첨단과학기술이 발달한 지금도 사람의 손길이 닿지 않는 바다가 있다.

미지의 세계로 불리는 심해는 과학적 호기심을 자극하는 것으로 가득하다.

알베르트 아인슈타인은 말했다.

"신비에 눈뜨지 않은 사람은 아무것도 보지 못한 채 살아갈 것이다"

대한민국 과학자들이 이 신비의 세계 바닷속으로 들어갔다.

그리고 바로 그 깊은 바닷속 세계에서 펄펄 끓는 물과 만났다.

바다에 대한 새로운 눈을 뜨게 하는 광경이었다.

더욱 충격적인 것은 그 뜨거운 물에서 살아가는 생명체의 발견이었다.

우리 인류가 찾고자 한 거대한 문제의 답을 발견하는 순간이었다.

독자 여러분을 깊은 바닷속 뜨거운 물 이야기로 초대한다.

목차

part 1
심해가 지구 생명의 기원으로
주목받는 이유

part 2
열수 생태계에서 살아가는 생물들의 비밀

part 3

심해에서 찾는 자원의 가능성

깊은 바닷속 │ 뜨거운 온천 │

김동성

낯선 길이 지도를 만든다. 행복한 인연이 삶의 새로운 길을 연다는 얘기다. 내가 처음 '열수熱水분출공hydrothermal vent'이란 단어를 듣고 그 신기하고 기이한 생물들과 인연을 맺은 것은 아주 오래전 일이다. 1989년 일본 도쿄대학교 대학원 석사 과정 유학 때였다. 도쿄대 해양연구소 심해저서생물연구실을 이끄는 오타 스구루Ohta Suguru 교수는 그 당시 나의 지도교수였다. 그는 일본 오키나와 트러프trough: 해양판이 만나는 경계의 판이 비스듬히 잠기는 곳에서 발생하는 좁고 긴 고랑 모양의 해저 지형에서 첫 열수지역을 발견한 직후 교수직에 올랐고, 그로부터 얼마 지나지 않아 내가 그 연구실에 입학했다. 이런 인연으로 나는 자연스레 그의 첫 제자가 되었고, 내 석사논문 역시 심해유인잠수정 '신카이Shinkai2000'을 활용한 '서태평양에서의 열수 및 냉용수cold seep생물

[사진 1] 오키나와 트러프에서 잠수하는 유인잠수정 '신카이2000'.

군집의 해양학적·생태학적 연구'라는 주제로 정해졌다(사진 1). 이는 미국이 심해유인잠수정 앨빈Alvin호로 태평양의 동쪽 바다 2,600m(동태평양 해령East Pacific Rise, EPR)에서 세계 최초로 열수 생태계의 생물을 채집한 1979년에서 약 10년이 지난 일이며, 나에게는 약 33년 전의 일이다.

박사 학위를 받은 뒤 나는 한국해양과학기술원Korea Institute of Ocean Science&Technology, KIOST의 전신인 한국해양연구원Korea Institute Of Ocean Science&Technology, KORDI에 들어와서 다수의 국제 공동연구를 진행했다. 파푸아뉴기니의 마누스 해분, 피지 해분, 세계에서 가장 깊은 해역인 마리아나 해구, 오키나와의 새로운 열수 발견지인 하토마 해구 등과 인도양의 첫 열수 발견지인 에드먼드 열수지역Edmond Vent Field, 카이레이 열수지역Kairei Field 등의 탐사를 독일, 일본과 공동으로 진행할 수 있었다.

심해, 그중에서도 특히 심해 열수에 접근하고 시료를 채집하려면 다양한 방법을 동원해야 한다. 여기서는 내가 직접 참여해서 촬영한 사진과 함께, 심해 연구에 활용하는 장비를 간략히 살펴보면서 깊은 바다에서 수행하는 연구가 어떻게 이루어지는지 이해를 돕고자 한다.

해양선진국의 심해 연구 발자취를 좇다

독일의 해양 탐사선 존네Sonne, 태양에는 카메라가 장착된 GTVA라는 TV 그랩Grab: 해저 영상 그랩 관측기 장비가 있다. TV 그랩은 파리지옥처럼 열었다 닫을 수 있는 장비를 말한다. 밑을 향해 입을 열린 상태로, 배에서 윈치를 이용해 바다 밑바닥으로 내린다. 바닥으로부터 약 1~2m 위에 떠 있는 상태로 배를 천천히 원하는 방향으로 움직인다. 그러면 그랩 밑에 달린 카메라가 바다 밑바닥의 모습을 영상으로 보여주는데, 이것을 배 위의 모니터로 관찰할 수 있다. 찾고 있던 생물이 영상에 나타나면 그랩의 이동을 멈추고, 파리지옥이 입을 닫아 생물을 잡듯이 그랩을 바닥에 내려 배 위에서 스위치로 입을 닫아서 생물을 채집한다(사진 2).

일본의 심해유인잠수정 '신카이Shinkai6500'(사진 3)은 2010년 중국이 심해유인잠수정 자오룽Jiaolong을 만들기 전까지 세계에서 가장 깊

[사진 2] 독일의 탐사선 존네와 카메라가 달린 그랩(TV Grab).

[사진 3] 두 명의 조종사와 한 명의 관찰자가 탑승 가능한 유인잠수정 '신카이6500'.

은 곳까지 인간이 직접 탑승하고 탐사할 수 있는 잠수정이었다. 신카이6500은 이름처럼 6,500m까지, 자오룽은 7,000m까지 내려가는 데

[사진 4] 세계에서 가장 깊은 11,000m 잠수가 가능했던 '카이코'.

[사진 5] 최첨단 고가 카메라가 장착된 하이퍼돌핀.

성공했다. 한편 가장 깊이 내려간 기록은 일본의 무인잠수정 '카이코 Kaiko'(사진 4)가 갖고 있었는데, 이 잠수정은 무려 1만 1,000m를 내려 갈 수 있어 전 세계 모든 바다에서 심해 탐사가 가능했다. 참고로 세 계에서 가장 깊은 바다는 마리아나 해구로, 가장 깊다고 알려진 비티 아즈 해연이 1만 1,034m다. 그러나 불행하게도 카이코는 내가 탐사 한 바로 그다음 해인 2003년 탐사 중에 연결선이 끊어져 분실되고 말 았다. '하이퍼돌핀Hyperdolphin-3k'(사진 5)는 일본의 최신 카메라 기술 이 집약된 무인잠수정이었다. 이 잠수정에 달린 카메라는 그 당시 세 계에서 화질이 가장 좋은 카메라였고, 실제 가격은 잠수정 한 대 값 보다 더 비싼 것으로 알려졌다. 이런 최첨단의 고가 장비를 활용할 수 있었다는 점에서 나는 연구자의 한 사람으로서 엄청난 행운을 누렸 으며, 그 결과 양질의 자료 및 생물 시료를 획득할 수 있었다.

이런 심해 연구 경험 덕분에 나는 인도양 열수광상鑛床: 유용한 광물이 땅 속에 많이 묻혀 있는 부분 관련 연구과제 중 환경 분야에 참여하게 되었을 뿐 아니라 미국이 서막을 올린 첫 열수 발견으로부터 무려 40년이 지난 2017년에 우리나라가 추진한 첫 열수 생태계 연구과제 '인도양 중앙 해령대mid-ocean ridge 심해 열수공 생명시스템 이해'를 진행할 수 있었 다. 그리고 2022년 현재까지 6년째 심해 연구사업의 책임자를 맡고 있다. 이 연구는 우리나라가 최첨단 연구 탐사선research vessel '이사부 ISABU호'를 건조함으로써 가능해졌고(사진 6), 그 성과는 기대 이상이 었다. 2018년 인도양에서 우리나라가 독자적으로 새롭게 발견한 첫 열수 생태계 지역인 '온누리 열수지역Onnuri vent Field, OVF'과 2021년 캐

[그림 6] 6,000톤급의 우리나라 연구 탐사선 '이사부호'.

[그림 7] 2021년과 2022년 이사부호에 캐나다 무인잠수정 '로포스ROPOS'를 탑재해 인도양 정밀탐사를 수행했다.

나다 잠수정 '로포스ROPOS'를 사용해(사진 7) 차례로 발견한 '온바다
Onbada' '온나래Onnarae' 지역에 관해서는 이 책에서 전반적으로 다룬
다. 여기서는 앞서 간략히 언급한 열수분출공과 이를 중심으로 형성
된 생태계, 그 발견의 역사부터 생물 및 생태계의 이채롭고 특별한
모습들과 더불어 이런 성과들이 우리 인류에게 어떤 의미를 시사하
는지에 살펴보겠다.

심해 및 열수의 환경

세계의 해양학자들은 대체로 수심 200m보다 깊은 바다 밑 세계
를 일컬어 '심해'라고 정의한다. 지형학적으로는 대륙붕 약간 밖에서
부터 시작되며, 식물에 광합성을 일으켜 1차 생산을 유도하는 태양광
이 도달하지 않고, 또 유기물organic matter: 탄소를 포함하는 물질로, 생물체가 생산하
는 화합물을 생산하는 식물이 전혀 없다는 점에서 사막 환경과 유사한
곳으로 비교된다. 대륙붕 아래로는 대륙사면, 해구, 대양저로 불리는
지형들이 존재한다. 해양이 지구 표면의 약 71%를 차지한다면, 심
해는 그런 해양의 약 93%를 차지하고 있다. 그렇다면 심해는 우리가
살고 있는 지구의 약 65% 이상인 것이다. 실제로 지구 표면의 3분의
2를 차지하는 바다 중 90% 정도가 수심 3,800m 깊이를 지닌 심해
다. 비중이 이처럼 매우 높은데도 심해는 많은 부분이 여전히 미지의
영역이다. 그 이유는 심해 연구가 육지나 얕은 바다와 달리 접근 자

체가 힘들기 때문이다. 이를 극복할 수 있는 것이 기술이다. 일반 연구와 달리 심해 연구는 고도의 압력을 견딜 첨단 기술력과 고가의 장비가 필수적이다. 이는 그 나라의 기술력과 경제력이 좌우한다. 바로 이것이 심해 연구를 일부 선진국이 주도할 수밖에 없는 가장 큰 이유다.

사람이 접근할 수 있는 고도의 압력과 암흑 속에서 도대체 심해생물들은 어떻게 살아가는 것일까? 육상에서 살아가는 우리 인간은 공기라는 유체와 기온, 빛과 같은 변화가 큰 물리적 환경에서 살고 있다. 그래서 더운 여름에는 시원한 곳, 즉 그늘진 곳이나 통풍이 잘되는 곳으로 이동한다. 이것은 공기의 흐름이나 기온, 큰 일교차라는 물리적 환경 인자의 변화가 인간 행동에 직접적으로 미치는 영향 탓이다. 그런데 해양으로 눈을 돌리면 어떠한가? 따뜻한 바다에 사는 상징적 생물인 산호는 초여름 해수의 온도가 25~26℃에 이르고 나서 찾아오는 최초의 대조음력 보름과 그믐 무렵에 밀물이 가장 높을 때에 일제히 산란을 시작한다. 이는 산호가 수온이나 달의 움직임 등 환경의 변화를 감지해서 종을 보호하기 위한 번식 행동이다.

물론 심해생물도 얕은 해역에 사는 산호를 비롯한 생물들처럼 해수라는 유체 안에서 서식한다. 하지만 심해는 육상이나 얕은 바다와 달리 흐름이나 온도의 변화가 아주 적고 빛이 없는 암흑의 세계, 특히나 수심이 깊을수록 높은 압력이 존재하는 곳이다. 인간의 입장에서 보면 잔혹한 환경이다. 식물이 살 수 없는 이런 심해저에서는 광합성에 의한 유기물질 생산이 불가능하다. 따라서 생물의 먹이 환경은 아주 엄격할 수밖에 없다. 육지로부터 거리가 먼 외양의 심해는 바다 표면에서의 유기물질 생산이 아주 적을 뿐만 아니라, 그런 유기물질 대부분도 깊은 심해저까지 낙하하는 과정에서 중간층에 사는 미생물이나 생물에 의해 분해된다. 적어도 심해저에 도달하는 유기물의 영양적 가치를 고려하면 표층의 100분의 1에서 1,000분의 1 정도에 불과할 뿐이다. 또한 심해는 육지보다 기압이 수천 배나 높기 때문에 육지의 일반 생물이 심해로 가면 그 형체조차 남기 힘들 정도로 생존 환경이 열악하다.

여기서 잠깐, 사람들로부터 많이 받는 질문 하나를 살펴보자. 심해의 생물을 표층으로 올렸을 경우 어떤 일이 벌어질까? 혹시나 그 심해생물이 터져버리지나 않을까 궁금해하는 독자들이 많을 듯하다. 그 대답은 압력과 직결된다. 압력이 문제 되는 상황은 물고기의 부레처럼 기체가 몸에 존재하는 경우다. 반대로 몸 내부 전체가 액체 또는 고체로 채워져 있다면 기압이 낮아지더라도 영향을 전혀 받지 않는다.

다시 심해로 돌아와서, 생물이 산다면 이런 극한 환경 속에서는 얼마나 많이 살고 있을까? 그 양은 생물량으로 비교할 수 있다. 생물량은 $1m^2$의 면적당 살고 있는 생물 체중의 합계를 말한다. 다시 말해 해당 환경이 유지할 수 있는 생물의 양을 의미한다. 연안에서는 $1m^2$당 수십 그램으로 생물량이 높다. 하지만 대양 중앙부의 심해는 생물량이 $1m^2$당 0.05~1g에 불과할 정도로 서식 밀도가 매우 낮다. 그런데 놀랍게도 육지 근처의 움푹 들어간 해구 같은 곳은 수심이 깊은데

[사진 8] 오키나와, 마누스 해분, 인도양의 열수지역의 다양한 생물들(사진: 김동성, JAMSTEC).

도 평균 이상의 생물량을 보인다. 이는 인간의 활동 때문에 강에서 흘러나온 유기물이 해구에 쌓이기 때문이다. 이런 일반적인 형태의 심해와 달리 높은 생물 다양성과 함께 수백에서 수천 배 이상의 높은 생물량을 보이는 곳이 있다. 바로 열수분출공이나 용수지역이다. 열수 생태계나 용수 생태계(사진 8), 그리고 세계에서 가장 깊은 수심을 지닌 마리아나 해구의 1만 890m(사진 9)에서는 과연 어떤 생물들이 살고 있을까?

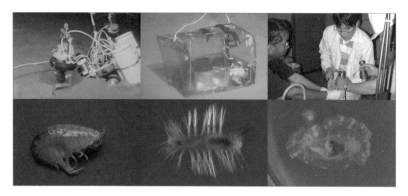

[사진 9] 마리아나 해구(10,890m)에서 각종 실험 및 채집된 생물들(사진: 김동성, JAMSTEC).

　열수의 대표적인 생물로는 일본 하쓰시마에 서식하는 이매패류인 흰색분말패각조개를 들 수 있다. 이 조개는 수온 변동이나 해수 흐름의 강약을 감지해 방정·방란을 시행한다. 한편 심해저에는 죽은 고래의 뼈가 있는 곳에 고래 뼈 생물 군집이 서식한다. 그 가운데 시보글리니대*Siboglinidae*과의 좀비벌레*Osedax*류는 미국 몬터레이만에서 발견된 것과 일본 사가미만의 것이 같은 종일 가능성이 크다. 이는 곧 동태평양과 서태평양의 생물이 같은 종일 확률이 높다는 이야기다. 이는 심해에 사는 생물도 해수의 흐름이나 수온 등 환경인자의 변동을 감지해 분포나 방정·방란, 유생의 분산이라는 서식에 필요한 행동을 선택하고 있다는 방증이다.

　그렇다면 흰색분말패각조개류의 자손은 얼마나 멀리, 어떤 방법으로 이동할까? 어디에서 시작해 어디로 어떻게 분산될까? 심해생물은 국지적인 물리 환경의 변동만 감지할까, 아니면 심층해류로 불리는 대규모의 물리 환경 변동도 감지할까? 심해생물과 심해 물리 환경의 관계는 아직까지 풀리지 않은 수수께끼가 무척 많다. 심해생물이 서식하는 지역의 물리 환경을 계측하는 것은 육상이나 천해해안에서부터 수심 200m까지의 얕은 바다와 달리 쉽지 않은 일이다. 그러나 흐름이나 수온이라는 환경인자가 어떻게 변동하고 어떠한 영향을 심해생물에 미치는지를 밝히는 것은 심해 생태계를 이해하는 데 무엇보다 중요하다. 이런 숨겨진 비밀을 밝히려면 앞으로도 기본적인 질문을 던지며 연구를 계속해 나가야 한다.

생명 탄생의 환경과 장소

열수분출공으로 인해 태양 에너지에 거의 의존하지 않는 독자적인 생태계가 존재한다는 사실이 밝혀진 것은 엄청난 놀라움을 안겨준 사건이다. 무엇보다 해양생물학자를 포함한 생물학자들에게는 이 발견이 그동안의 지식을 깊이 성찰하고 점검해야 하는 아주 중차대하고 값진 기회가 아닐 수 없다.

한편 열수 생태계는 또 다른 의미로도 매우 주목된다. 다름 아닌 지구상 최초의 생명이 열수분출공처럼 열수가 있는 곳에서 탄생했을지도 모른다는 가능성이다. 열수를 채집해 분석한 결과, 높은 온도의 환경을 좋아하는 박테리아인 호열성 세균이 발견되었다. 지구상에 존재하는 여러 박테리아 유전자를 조사해보면 오래된 형태의 박테리아는 모두 호열성 세균이었다. 또 다른 연구에서는 열수 환경을 갖춘 환원적인 실험장치 안에서 무기물로부터 생물의 재료인 아미노산 합성(화학합성)이 가능하다는 연구도 나왔다.

오늘날 지구는 탄생한 지 약 46억 년이 되었다. 현재 지구상에는 셀 수 없을 정도로 많은 다양한 생물들이 살고 있다. 이 지구상의 생물 진화 역사를 지질기록이나 생물 유전자를 토대로 거슬러 올라가 보면 우리의 공통 선조인 최초의 생명이 탄생한 시기는 약 40억 년 전보다 더 오래된 시대라고 한다. 과연, 우리의 공통 선조는 어디에서 탄생했을까?

생명 기원에 관한 주된 연구는 막을 지닌 에너지 대사와 유전(자기 복제) 가능한 개체가 어디에서 어떻게 탄생했는가를 밝혀내는 연구다. 이 연구는 크게 두 가지 방향으로 논의될 수 있다. 그중 하나는 'RNAribonucleic acid, 리보 핵산 월드 가설'이나 '단백질 월드 가설'로 대표되는, 생명을 구성하는 중요한 부분이 어떤 경로로 만들어졌는지를 해명하려는 연구다. 다른 하나는 우주 기원설, 육상 온천 기원설, 심해 열수 기원설로 일컬어지는, 생명이 탄생한 환경이나 장소가 어디에 있었는가를 증명하려는 연구다. 이를 간추리면 다음과 같다.

· 우주 기원설: 생명 또는 생명의 조각이 되는 중요한 물질이 지구의 밖에서 날아왔다는 설이다. 우주 공간에는 아미노산이나 생명의 전구체가 될 수 있는 물질이 존재한다는 것이 관측을 통해 확인되었고, 지구에 떨어진 여러 운석으로부터도 다양한 유기물이 발견되었다. 운석이 지구 곳곳에 떨어질 때 중력(지구의 40만

배에 달하는 중력)을 견딜 수 있는 미생물도 함께 발견됨으로써 현재 이 설을 부정할 결정적인 증거는 딱히 없어 보인다.

- **육상 온천 기원설**: 온천이나 간헐천처럼 비교적 저온(100℃ 이하)의 열수가 육상에 분출하는 장소에서 생명이 탄생했다는 설이다. 온천이 지상으로 뿜어져 나오는 장소에서는 온천수가 육상에서 증발할 때 단순한 유기물이 농축되어 복잡한 유기물(DNAdeoxyribonucleic acid, 데옥시리보 핵산나 RNA의 전구물질)이 형성되기 쉬운 것으로 알려져 있다. 원시적인 미생물이 호열성이라는 것도 이런 설을 잘 뒷받침해준다.

- **심해 열수 기원설**: 심해저에 존재하는 열수분출공에서 생명이 탄생했다는 설이다. 원시적인 생물이 호열성이라는 것도 그렇고 실제 열수분출공에서도 아주 원시적인 미생물이 발견되었다. 지질 기원에서도 38억 년 전부터 현재에 이르기까지 해저 열수 활동이 있었다는 사실이 알려져, 열수가 원시생명이 필요로 하는 에너지원(수소나 황화수소 등의 환원물질)을 지속해서 공급할 수 있는 장소로도 유력하다. 최신 연구에 의하면 열수 중에 포함된 수소를 주된 에너지원의 하나로 사용하고 있던 고세균의 '메탄 생성균'이 우리의 공통 선조라는 연구 결과도 있다.

최근 들어 속속 발표되는 연구 결과는 열수 기원설에 무게를 더욱 더 실어준다. 물론 이 또한 앞으로 좀 더 결정적인 또 다른 연구 결과들에 의해 변할 수도 있다. 확실한 것은 아직 아무것도 없다.

한편으로는 '태양광이나 산소가 없는 고온 환경에서 최초의 생명이 태어났을지도 모른다'고 하는 가설이 우리가 가진 사고의 범위와 시야를 한층 넓히는 계기가 되어주기도 했다. 생물이 살아가는 조건은 지구상에서는 제한적일지 몰라도 넓은 우주로 눈을 돌리면 그리 어렵지 않게 발견할 수 있기 때문이다. 예를 들면 목성에는 여러 개의 위성이 있는데, 그중에도 '유로파'와 '이오'가 주목할 만하다. '유로파'의 표면은 얼음으로 뒤덮여 있지만, 그 밑에는 물이 있다고 한다. 물이 있다면 태양광이 도달하지 않더라도 생명이 살고 있을지도 모른다. 또 '이오'에는 지구를 제외한 태양계의 천체 중에서 유일하게 지금도 활발히 활동하는 화산이 존재해서, 만약 열수가 분출되는 것과 같은 바다가 있다면 생명이 존재할 가능성도 있다. 이처럼 지구의 심해저에서 살아가는 미생물은 지구 밖 생명의 가능성까지도 암시하고 있다.

고래들이 죽어서 바다 밑으로

1992년 일본 오가사와라제도 근처 수심 4,000m 심해에서 일본 심해유인잠수정 '신카이6500'에 승선한 연구자들이 심해 퇴적물 위에 하얀 블록 같은 것이 쭉 나열된 것을 발견했다. 뒷날 이루어진 연구로 밝혀진 결과, 그것은 죽은 지 약 100여 년이 지난 고래 뼈의 부패물이었다. 그런데 바로 그곳에도 생물이 살고 있었다. 고래 뼈에 떼를 지어 붙어 있던 것은 가재붙이류 외에 열수지역이나 용수지역에서 발견된 생물과 아주 비슷한 이매패류, 유독 그 고래 뼈에서만 처음 발견된 갯지렁이 등이었다.

지구상에서 처음 발견된 이 광경을 본 학자들이 가장 처음 가진 의문은 무엇이었을까? 그것은 부패한 고래 뼈에서 어떻게 생물이 살 수 있나 하는 것이었다. 학자들은 이런 의문을 갖고 연구를 시작했다. 고래 뼈를 육지로 끌어올려서 살펴보니 썩은 냄새가 났다. 고래 뼈에 포함되어 있던 지방 성분이 썩어서 황화수소와 메탄을 발생시킨 것이다. 황화수소가 있다면 열수분출공의 근처에 사는 생물들처럼 이를 영양분으로 하는 세균이 살 수 있고, 또 세균을 영양분으로 하는 생물들이 모여들게 된다. 결국 부패한 고래 뼈가 제3의 화학합성_{광합성에 대응해}이르는 말로, 일부 미생물이 무기질을 에너지로 유기물을 합성하는 일 생물 군집을 만들어낸 것이다. 이것을 일컬어 '고래 뼈 생물 군집'이라 부른다.

고래 뼈 생물 군집으로부터는 원시적인 공생 방법인 '세포의 공생'이 가능한 홍합류도 한 종 발견되었다. 또한 고래 뼈에서 새롭게 발견된 갯지렁이에는 '좀비벌레'라는 이름이 붙었다. 죽은 고래 뼈를 영양으로 하고 있어서 '좀비'라는 무서운 이름이 붙은 것 같다. 고래 뼈로부터 뿜어져 나오는 지방 등이 영양분을 만드는 세균을 공생하게 만든 것이다. 그런데 이들 생물은 어떻게 여기까지 이르게 되었을까? 심해저에는 이런 고래 뼈가 곳곳에 무수히 많아 각각 징검다리 역할을 하는 걸까? 도대체 이들은 어떤 전략으로 자신의 자손을 지구상 바다 깊은 곳에 남겨 놓은 걸까? 간단한 질문 같지만 이런 질문이 거듭될수록 점점 더 대답하기 힘든 질문들로 나아갈 수밖에 없을 듯하다.

대한민국의 연구의 현재 위치

2022년 현재는 열수의 첫 발견으로부터 40여 년이 넘었다. 이 시간 동안 지구 곳곳에선 수많은 열수분출공과 이를 기반으로 한 다양한 생물들이 잇달아 발견되고 있다. 앞서 잠깐 언급했듯이 우리나라의 열수분출공 생물 군집에 관한 연구는 아직 여건이 충분히 갖춰지지 못한 상태다. 그런 관계로 우리나라는 다른 선도국들과 여러 차례 국제공동연구를 통해 심해 열수 연구를 이어왔다(사진 10). 우리나라가 선진국들보다 심해 열수 연구는 다소 늦었지만 최근 들어 급격한 상황 변화가 일고 있다.

지난 2017년 한국해양과학기술원 소속 최첨단 연구선 이사부호가 취항하면서 우리나라는 열수 연구에서 태평양, 대서양과 비교해 비교적 초기에 해당하는 인도양 열수지역 탐사에 본격적으로 뛰어들었다. 굳이 인도양을 선택한 것은 40여 년 전부터 시작한 세계 선도국들의 연구 결과를 일거에 뛰어넘을 가능성이 그곳에 존재한다고 보았기 때문이다. 다시 말해, 인도양에서는 새로운 열수 생태계를 발견할 가능성이 크다고 본 것이고, 그로 인한 새로운 생물의 발견, 새로운 생태계의 생명현상을 규명해낸다는 목표를 수립했다. 만약 여기에 성공하면 우리나라가 비록 시작은 늦었지만 새로운 생물과 생태계로 인한 새로운 유전물질, 새로운 기능 유전자, 신물질 등 귀중한 생물자원을 독자적으로 확보할 수 있다고 내다봤기 때문이다.

마침내 우리 연구자들의 예측과 노력이 혁혁한 성과를 거뒀다. 열

[사진 10] 국제공동연구로 '신카이6500'에 탑승하여 열수 조사를 수행하는 김동성 박사.

수 연구의 틈새를 찾으려 노력한 끝에 2018년인 초여름 대한민국만의 새로운 열수분출공 '온누리 열수지역'을 발견했고, 나아가 대량의 다양한 생물들을 채집해 국내로 반입하는 데도 성공했다. 바로 여기에서 전 세계 그 어느 곳에서도 발견되지 않은 여러 종의 새로운 생물(신종)을 발견해 그 결과를 관련 국제 학술지에 게재했다. 그뿐만 아니라, 코로나 바이러스 19COVID-19, 이하 코로나19로 지구촌 전체가 어수선한 분위기 속에서 탐사 일정을 네 번이나 거듭 연기하며 그 반복된 지루함을 이겨내면서 2021년 또 다른 열수지역인 '온바다 열수지역' 과 '온나래 열수지역'을 새롭게 발견하는 쾌거까지 올렸다. 여기서 2022년 5~6월에 걸쳐 캐나다 심해무인잠수정 로포스를 활용해 목적 달성에 충분할 정도로 넉넉한 양의 생물을 채집했고, 지금도 각 연구 분야별로 활발히 분석 중이다. 탐사는 2023년까지 1단계를 마치고, 2024~2028년에는 2단계 사업으로 이어져 인도양 및 서태평양에서도 계속해 반복 탐사하며 연구를 수행한다는 계획이다.

인도양에 확보된 우리나라의 연구지역뿐만 아니라 우리가 새로운 생물 군집의 발견을 기대할 수 있는 해양지역은 아직도 많이 남아 있다. 특히 북극해는 오랫동안 가장 큰 관심 대상이 되어왔다. 북극해의 가켈 해령, 생물지리학적으로나 분류학적으로 주목할 만한 독립된 해령 환경들로 가득한 대서양 남서부에 위치한 스코샤 해령, 지중해의 카이만 해팽^{해령보다 경사가 완만하고 기복이 적은 해저 지형}, 그리고 인도양 북동쪽에 위치한 안다만 배호^{판이 섭입하는 경계 부분에서 섬이나 대륙이 활처럼 휜 모양으로 나타나는 지형} 해령이 이런 해양지역에 속한다. 심지어 이미 탐사가 꽤 수행된 중앙해령조차도 아직 탐사되지 않은 부분들이 남아 있다. 반드시 조사해야 할 해령 중 하나가 대서양 중앙해령의 아조레스 지역이다. 유전인자의 흐름에 관한 연구를 포함해 이 단열대가 각각의 종 확장에, 장벽으로든 또는 여과지역으로든 어떻게 작용하고 있는지에 관한 연구 등도 각별한 주목을 필요로 한다. 또 남동 태평양의 칠레 해팽과 남극 해령들 또한 분류학과 다양성, 유전자의 흐름에 관한 비교 연구는 많이 미흡하다. 인도양 트리플triple 해령 환경의 분출공 생물상에 관한 계통지질학적 연구, 대서양과 서태평양 생물상의 비교 연구들은 대서양과 태평양 사이에 종의 확산 방향을 밝히는 데 관심 있게 다뤄야 할 연구 주제 중 하나일 것이다. 심지어 탐사가 완료되었다고 알려진 열수지역에서도 아직까지 분명하게 알려지지 않은 생물 적응 방법에 관한 발견의 가능성도 존재한다. 실제로 대부분의 열수분출공 생물종들에 관해서는 지금까지 밝혀진 것 외에 생물학적으로 얼마나 더 많은 비밀이 있는지 알 수 없다. 이러한 평범하지 않은 서식지에서 살아가는 생물이 가진 적응 능력의 무궁무진함은 아직도 인류가 제대로 파악하지 못했다. 이를 밝히기 위해 개체군의 서식 습성과 생활사에 관한 연구 등 할 일이 많다.

동해 연구의 필요성

여기서 독자들 가운데 누군가는 이런 질문을 던질 수도 있다. 이런 연구를 꼭 대양으로 나가서 해야 하는가? 나 역시 여기에 다소 의문을 가지고 있다. 왜냐하면 앞서 언급한 용수지역 생물 군집의 발견 가능성을 우리나라 동해도 가지고 있다고 보기 때문이다. 예를 들면 이미 많은 논의가 되었던 동해의 가스하이드레이트 인근 지역, 동해의 급경사면이 끝나는 지역과 같은 해역에서 정밀탐사가 속히 이루어져야 한다고 본다. 아직까지 이를 위한 국가 연구과제가 성립되지 않아 탐사를 시도한 적이 없다. 이 때문에 우리나라 동해 심해저 밑바닥에 도대체 어떤 보물들이 있는지 첨단 과학기술이 발달한 지금까지도 우리는 전혀 모르고 있다.

그 가능성은 오히려 일본에서 찾을 수 있다. 일본은 이미 우리나라 동해의 동쪽 끝부분 수심 3,000m 넘는 오쿠시리 해령을 포함한 네 군데와 수심 1,000m를 넘지 않는 조에쓰 앞바다에서 이런 생물 군집을 발견했기 때문이다. 그렇다면 우리 역시 이를 발견할 가능성이 크다. 만약 이런 일련의 연구들이 체계적으로 과감히 이뤄진다면, 앞으로 우리나라는 더 많은 심해 및 심해 화학합성 생태계의 전문가를 배출할 수 있고, 이렇게 양성한 전문가들이 국제사회에서도 활약하며 우리나라도 전 세계 심해 해양자원 문제에 더 적극적으로 참여해 권리 및 의무를 이행할 수 있을 것으로 생각된다. 한 걸음 더 나아가 현재 국제적으로 큰 이슈인 BBNJBiodiversity Beyond National Jurisdiction: 국가 관할권 바깥 해역의 해양생물 다양성 대응에도 국가적 이익을 놓치지 않는 해양강국 대한민국이 될 것이다.

part 1

심해가
지구 생명의 기원으로
주목받는 이유

빛이 없는 곳에도
생명이 존재한다

김동성

바닷속 수천 미터 밑에도 우리의 예상을 초월하는 수많은 생물이 바글바글 풍부하게 살아가는, 그런 신기한 곳이 있다. 그 가운데는 생김새가 무척 독특한 생물이 있는가 하면, 종류도 다르고 아주 이색적인 생물들도 있는데, 이들은 매우 작은 면적에 똘똘 뭉쳐져 살아간다. 심지어 몇 층 높이의 건물처럼 위로 다닥다닥 층을 이루며 사는 생물도 있다. 태양 빛이 전혀 도달하지 않고 먹이조차 많지 않은 깊은 바다에 어떻게 이런 곳이 존재할까?

일반적으로 지구상에 존재하는 생태계는 태양광을 에너지원으로 하는 광합성에 의해 유지된다. 그러나 태양광이 도달하지 않는 심해의 어느 특정 장소는 상황이 다르다. 지구 판plate의 움직임에 따라 황화수소를 포함한 열수나 메탄을 포함한 해수가 지하로부터 뿜어져

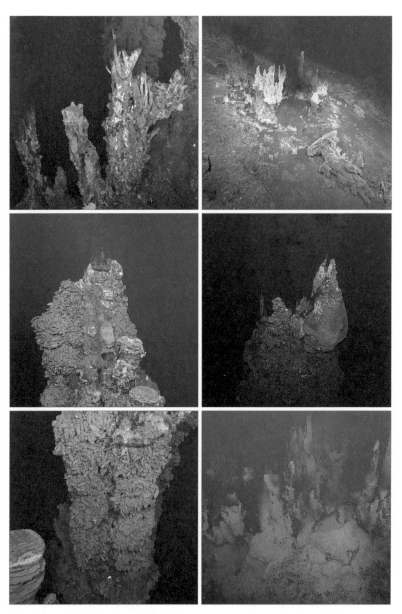

[사진 1] 우리나라가 처음 발견한 인도양 탐사지역에서 생물들이 부착된 다양한 열수분출공과 블랙 스모커.

나오는 이 장소는 황화수소가 산소와 반응해서 생긴 에너지가 넘쳐난다. 박테리아 일부는 이런 화학반응 에너지를 사용해 유기물을 합성하고, 그 유기물을 다른 생물이 먹는다. 메탄이나 황화수소를 에너지원으로 하는 미생물에 의해 유지되는 독자적인 생태계, 스스로 유기물을 만들어내는 이 장소는 다름 아닌 심해의 오아시스다.

해저 바닥에 기다랗게 생긴 굴뚝이 수 미터에서 수십 미터 높이로 서 있거나, 이런 굴뚝이 수 개에서 수십 개로 쭉 나열된 곳도 있다. 이런 굴뚝에서는 공장의 굴뚝 연기처럼 시커먼 연기가 뭉게뭉게 왕성하게 뿜어져 나온다. 종종 굴뚝조차 없이 땅의 갈라진 틈에서 아지랑이가 피어오르듯 뜨거운 물이 솟아나는 곳(용수)도 있다. 그런데 바로 이 굴뚝의 벽에 생물이 다닥다닥 대량으로 빈틈없이 붙어 있기도 하고, 그 주변 땅에 앞서 말한 대량의 생물들이 다양하게 살고 있다. 이렇듯 뜨거운 물이 뿜어져 나오거나 열수 침니chimney: 바다 밑바닥에서 솟은 굴뚝 모양의 지형가 있는 곳에 사는 생물들이 만들어낸 생태계를 일컬어 '화학합성 생태계'라고 한다(사진 1).

심해의 특이한 생물들과 서식처

화학합성 생태계의 생물 군집은 굴뚝의 연기와 분출하는 뜨거운 물 속에 포함된 유황 성분을 자신들의 먹이원으로 하는 생물들이다. 그런즉 유황 산화 세균과 같은 화학합성 세균을 공생시켜 특별한 생물 군집을 만들기 때문에 '화학합성 생물 군집'으로 불린다. 극단적으로 말해, 만약 태양이 소멸한다고 하더라도 심해의 해수에 산소가 있기만 하면 이들 생물은 전혀 문제없이 왕성한 번식을 할 수 있는 특수한 생태계다.

깊은 해저에 거의 300℃ 전후의 뜨거운 물이 있을 수 있다는 연구는 1971년 탈와니Talwani 등에 의해 학회지에 발표되었고, 실제로 이런 뜨거운 물의 증거 수집은 그동안 발표된 생물학적 연구의 많은 것을 뒤바꿀 새로운 오아시스 생태계의 발견과 함께 이루어졌다.

그러나 역사적으로 심해저 열수분출공 연구의 본격적인 시작은 1976년 5월 29일 13시 20분 39초에 태평양 동쪽 바다 2,600m, 북위 0도 47분 84초, 서경 86도 9분 18초에 위치한 갈라파고스 확장지역지구의 판이 벌어지는 지역으로 확장축이라고도 하며, 여기서는 동태평양 해령을 가리킨다에서 미국 스크립스해양연구소Scripps Institution of Oceanography의 딥토Deep-Tow 카메라로 거대한 흰색 조개껍데기를 찍은 흑백사진에서 촉발된다. 그로부터 1년 뒤인 1977년에는 미국의 심해유인잠수정 앨빈호에 탑승한 조사팀이 동태평양의 갈라파고스의 수심 2,500m 심해에서 그간 목격된 바 없는 신기하게 생긴 생물을 발견했다. 이것은 가늘고 긴 관이 수십 개 붙어 있고, 그 각각의 관 위쪽에는 빨간색 소시지처럼 생긴 것이 툭 튀어나온 이상한 형태의 생물이었다. 관벌레tube worm로 명명된 이 생물 가운데는 길이가 거의 2m에 달할 정도로 긴 것도 있었다. 관벌레는 열수분출공이라는 해저 온천이 분출하는 장소 가까이에 떼지어 살고 있었다. 이 생물을 채집해서 조사하자 더 놀라운 사실이 밝혀졌다. 그도 그럴 것이 입도 위도 항문도 없는 동물이었는데, 몸체 안쪽에는 유황 산화 세균이라는 박테리아가 무수히 살고 있었기 때문이다. 이 박테리아는 관벌레로부터 생존에 적합한 장소와 환경을 제공받는 대신 열수에 포함된 강한 독성의 황화수소로부터 에너지를 얻어 영양을 만들어 관벌레에 전달하고 있었다.

열수분출공의 굴뚝에 부착해서 살아가는 생물도 발견되었다. 그곳은 눈이 없는 새우류가 대량 서식하는 장소였다. 눈이 퇴화한 게류, 말미잘, 이매패류, 복족류, 따개비류, 가재붙이류 등 아주 다양하고 많은 생물이 모여서 사는 군집 장소는 대서양, 동태평양, 서태평양, 인도양 등에서도 차례로 발견되었다(사진 2). 무엇보다 이들 모두 박테리아와 연관되어 살아간다는 것이 밝혀졌다. 태양광이 도달하지 않는 심해, 300℃ 이상의 열수가 뿜어져 나오는 곳은 아무리 봐도 생물이 살기에 부적합해 보이지만, 바로 그 장소가 박테리아와 공생을 통해 많은 생물이 살아가는 또 다른 생명의 오아시스라는 것이 계속되는 탐사를 통해 밝혀진 것이다.

화학합성 생태계에서는 '화학합성 세균' 또는 '유황 산화 세균'으로 불리는 미생물이 용수나 열수에 포함된 황화수소나 메탄을 사용해 에너지를 얻어 이산화탄소나 메탄으로부터 유기물을 만들어낸다. 즉 여기서는 미생물이 광합성을 하는 식물처럼 1차 생산자의 역할을 하고 있고, 이를 영양원으로 하는 동물들이 모여들어 커다란 생물 군집을 형성한다. 이 생태계의 가장 큰 특징 중 하나는 이곳에 사는 동물 대부분이 체내·외의 미생물과 공생하고 있다는 점이다. 이들 동물은

[사진 2] 새롭게 발견된 '온누리', '온바다', '온나래' 열수지역에는 눈이 퇴화한 게류, 말미잘, 이매패류, 복족류, 따개비류, 가재붙이류 등 다양한 생물이 사는 것이 확인되었다.

입 또는 소화관이 퇴화하거나 아예 없으므로, 섭취해야 할 영양 대부분을 공생하는 미생물로부터 얻으며 살아간다. 유황온천 근처에 산다는 특성만으로 영양분을 섭취하는 아주 특이한 생활을 하고 있는 것이다.

한편, 이 생태계의 또 다른 연결성이 밝혀졌다. 예를 들어, 광합성 과정을 화학식으로 표현하면 $CO_2 + 2H_2O \rightarrow (CH_2O) + H_2O + O_2$ 로 되고, 호기적인소를 좋아하는 특성 유황 세균이 일으키는 화학합성의 과정은 $6CO_2 + 6H_2S + 9O_2 \rightarrow C_6H_{12}O_6 + 6SO_4^{2-}$가 된다. 화학합성 생태계는 광합성 생태계로부터 독립한 생태계처럼 생각되지만, 반드시 그런 것은 아니라는 뜻이다. 화학합성 과정에 필요한 산소나 동물이 호흡에 사용하는 산소는 광합성 과정에서 생산된 것이다. 또 화학합성 생물 군집 해역에는 해양의 표층에서 해저로 끊임없이 떨어지는 수많은 '바다눈marine snow: 플랑크톤 등 표층에 사는 생물의 사체나 배설물이 바다 밑으로 눈처럼 침전하는 현상'을 비롯해 이런 현탁물을 섭식하는 여과 식성 동물도 일부 서식하고, 리소데스Lithodes 속의 게류나 부치니대Buccinidae 과의 복족류처럼 광합성 의존형의 심해 생태계 동물들이 흰색분말패각조개 등을 섭식하는 경우도 있다. 요컨대 양쪽 생태계가 서로 분리된 것이 아니라 일부 서로 연관되어 있다는 것이다. 실제로 좀 더 큰 틀에서 보면, 우리가 보는 해양 생태계는 서로 연결되지 않은 생태계가 거의 없는, 하나의 거대한 생태계라고 할 수 있다.

불의 고리와 용수역

지구의 판은 주로 대양의 중앙에서 벌어지고, 벌어지는 만큼 대양의 동서쪽 끝에서는 아래로 말려 들어간다. 말려 들어가면서 대륙 쪽의 지각과 마찰을 일으키거나 끌어당기기도 한다. 이런 현상은 띠처럼 연결되어 일어나 이곳을 '해저화산의 띠'라고 한다. 지각이 불안정하고 화산이 많아서 다른 이름으로도 불리는데, 일명 '불의 고리'라는 이름이 우리에게는 더 익숙하다. 육상에서 이와 비슷한 곳을 찾자면 화산 근처로, 그런 곳에는 온천도 많다. 그런데 해저화산의 띠, 또는 불의 고리는 곧 바다 깊은 곳 있는 해저 온천으로 지구 해양의 판경계면을 따라 분포해 있다. 즉 생겨난 지 얼마 안 된 해저의 지각 안으로 해수가 스며들어 지구 중심부의 마그마 열에 의해 가열된 후 바다 밑바닥에서 다시 뿜어져 나오는 것이다. 바닷속이라 하더라도 이런 해저 온천이 뿜어져 나오는 장소는 쉽게 식별할 수 있다. 왜냐하면 온천이 뿜어져 나오는 입구가 대부분 굴뚝 형태로 돌출되어 있기 때문이다. 앞서 말한 '열수분출공'이 바로 이것이다.

열수분출공의 굴뚝은 고온고압의 상태에서 열수에 녹아서 분출된 암석 성분이 수온 1~2℃ 정도의 해수에 노출되었을 때 격렬한 화학반응을 일으켜 만들어진 것이다. 열수에는 황화수소가 포함되어 있다. 해수 중의 황산이온$SO_4{}^{2-}$과 열수 중의 칼슘이온Ca^{2+}이 반응해 황산칼슘$CaSo_4$이 추출됨으로써 굴뚝이 만들어진다. 여기서 열수에 녹아 있는 금속의 황화물이나 이산화규소는 급격한 온도 변화와 산성도pH: 중성인 pH 7.0을 기준으로 낮으면 산성, 높으면 염기성의 변화로 인해 물에 완전히 녹지 못한 채 세립질의 입자가 되어 떠오르게 된다. 이 가운데 금속 황화물이 주성분이어서 검은 연기처럼 보이는 것을 '블랙 스모커black smoker', 황산염과 이산화규소가 주성분이어서 하얀 연기로 보이는 것을 '화이트 스모커white smoker', 투명하게 보이는 것을 '클리어 스모커clear smoker'라고 한다.

최초로 발견된 갈라파고스형의 열수분출공은 바위 틈새에서 15~20℃의 백탁 온수가, 마리아나 해분에서는 투명하거나 약간 백탁인 290℃ 정도의 온수가 분출했다. 장소나 시간의 경과에 따라 다양한 분출의 형태를 보인다. 뿜어져 나오는 연기의 색이 다른 이유는 그 성분의 차이 때문이다. 열수의 온도는 최고 350℃ 정도에 이른다. 상당한 고온인데도 열수가 액체 상태로 존재하는 이유는 심해 열수지역의 높은 수압 탓에 끓는점이 높아져서 기화하지 못하기 때문이다. 또한 해수의 화학 분석 결과 300만 년에 걸쳐 해수 전체에 해당하는 양의 물이 열수분출공을 통해 새롭게 교환된다는 사실도 밝혀졌다. 이런 연구 성과는 열수분출공의 존재가 해수 성분에 영향을 끼치고 있다는 중요한 증거가 아닐 수 없다.

열수분출공과는 다르지만 해수 온천과 유사한 환경을 갖춘 곳이 있다. 열수지역에 비해 상대적으로 낮은 온도의 물이 뿜어져 나오는 곳으로, 황화수소나 메탄을 포함하고 있는 '용수지역'이다. 용수는 열수가 굴뚝과 같은 곳이 아니라 해저에서 스멀스멀 기어 나오는 모습이다. 여기에도 역시 황화수소나 메탄을 에너지원으로 하는 독특한 생태계가 형성되어 있다. 용수성 생물 군집은 일반적으로 지구의 판이 말려 들어가는 해역, 해저유전이나 메탄하이드레이트 등이 해저 밑에 저장된 지역, 이화산泥火山이나 사문암 해산지역 등과 같은 지질학적 특성을 지닌 곳에서 형성된다.

용수역은 1984년 멕시코만의 플로리다 해안, 미국 서해안 오리건주

앞바다의 수심 2,000m에서 발견된 이후 일본의 난카이 트러프, 일본해구, 태평양의 북부·서부·남서부·동부지역, 바베이도스 해안, 대서양 동부·서부·중부해역, 오호츠크해, 인도양 동부 등에서 차례로 발견되었다. 오호츠크해에서는 수심 300~800m에 메탄이 용출되는 지역이 있었고, 여기서 티아시리대(또는 말발조개)Thyasiridae 과에 속하는 이매패류가 우점하고 있는 생물 군집이 발견되었다. 북태평양에서는 알래스카 앞바다 알류샨 해구의 수심 4,530~4,980m에서 열수 군집을 형성하는 생물들 가운데 당시까지 우점생물에 속해 있던 흰색분말이매패류(Calyptogena phaseoliformis)와 아주 유사한 종이 발견되었을 뿐 아니라 말미잘류, 시보글리니대과의 다모류 등도 보고되었다. 서태평양에서는 마리아나 해구 근처에 위치한 남차모로 해산의 산 정상부 수심 약 2,900m에 심해홍합류와 흰색분말이매패류가 분포하고 있었다. 이 해산은 사문암 해산이었다. 남서 태평양의 경우는 파푸아뉴기니 섬 앞의 시싸노 라군, 동태평양에는 오리건 앞, 몬터레이만, 페루 해구, 칠레 해구 등에서 용수생물 군집이 발견되었다. 멕시코만은 해저유전의 보고로, 1947년에 세계 최초로 해저유전 생산을 시작했다. 이곳엔 메탄이 함유된 높은 염도의 해수(소금이 퇴적층으로부터 녹아 나와, 염분 농도가 해수의 4배)가 소금 호수를 만든다. 이것은 고염분의 수괴해양에서의 물리적·화학적 성질이 거의 같은 해수의 모임가 주위의 해수와 섞이지 않아서 마치 해저에 호수가 존재하는 것처럼 보인다. 그 주변에는 홍합류의 일종인 배씨모디올루스 칠드레씨Bathymodiolus childressi가 밀집되어 있고, 메탄하이드레이트가 노출된 장소에는 얇고 라면 모양을 한 관벌레의 일종인 카멜리브라키아 루이메시*Camellibrachia luymesi*가 서식하고 있다.

내가 동해의 가스 하이드레이트가 분출되는 지역에 대한 정밀 조사가 필요하다고 강조하는 이유 중 하나는 앞서 설명한 여러 장소들이 우리나라 동해와 유사성이 많다고 보기 때문이다. 이것은 곧 우리나라 주변 해역에서도 용수역의 발견 가능성이 있다는 주장이다.

용수역은 격렬하게 분출되는 열수의 연기가 보이지 않는 해역이지만, 앞서 발견된 열수분출공 지역에 사는 생물들과 아주 비슷한 생물들이 서식하는 곳이다. 이는 열수분출공 서식 분류군과 유사한 분류군들, 그리고 화학합성에 기초한 생태계가 단지 열수분출공 지역에만 한정되지 않는다는 것을 알려준다. 용수역이 해구나 트러프의 해저에서 발견되는 것은 다음과 같은 이유에서다. 해구나 트러프는 해저의 판이 다른 판으로 말려들어 가는 장소에 만들어지는 구멍이다. 해저 판이 말려 들어갈 때 판의 위에 쌓인 퇴적물도 함께 들어가려고 하지만, 다른 한쪽의 판이 이를 가로막아 퇴적물의 일부분을 쓸어낸다. 사정이 이렇다 하더라도 판이 말려 들어가는 것 자체는 멈추지 않고 계속 이루어지기 때문에 퇴적물은 다른 한편의 판에 꽉 눌려 '부가체 accretionary prism'라는 흙덩어리가 되어 표층에 남게 된다. 이 부가체는 원래 해저에 떨어져 쌓인 퇴적물이기 때문에 그 안에 해수를 많이 포함하고 있다. 내부에 축적된 해수가 판의 이동에 따라 더욱 압축되어 단층면의 경계를 따라 쥐어짜듯이 나오는데, 이것을 '용수'라고 한다.

특이 생태계의 연이은 발견

바다는 우리에게 다양한 모습으로 다가오고 무한한 자원까지 공급해준다. 실제 생활에서 가장 가까이 접하는 바다는 우리 식탁에서 자주 접하는 수많은 바다 먹거리다. 갖가지 생선을 비롯해 새우, 게, 조개 등 셀 수 없이 많은 수산자원을 통해 바다와 우리는 만난다. 이러한 수산자원은 크게 보면 해양생물자원의 범주에 속한다. 말이 나왔으니 말인데, 오늘날 전 세계 바다에서 가장 뜨거운 이슈로 부상되는 것이 '해양자원'이란 한 단어로 압축될 수 있다. 해양에는 특정한 주인이 없는 무한자원이 무진장으로 생산되고 펼쳐진다. 이런 해양자원을 크게 '광물자원'과 '생물자원'으로 나눌 수 있다. 지금도 전 세계 곳곳에서 중요하게 열리고 있을 각종 국제회의에서 해양자원을 두고 각축전이 벌어지고 있다. 강대국들은 물론이고 개도국까지 자국의 이익실현을 위해 치열한 논쟁에 참여하고 있다. 그 중심에 해양자원이 똬리를 틀고 있다.

그런데 전 세계 바다 가운데서 이런 광물자원과 생물자원이 동시에 공존하는 화제의 장소가 있다. 가장 첫 번째로 꼽히는 곳이 바로 심해열수분출공 지역과 용수지역이다. 이 두 지역은 열수 분출이 활발하든 아니든 관계없이 이미 기존에 형성된, 해저에서 지구 심부까지 수직적으로 고부가가치의 광물들이 길게 축적된 열수광상이 존재하기 때문이다. 이와 더불어 열수활동이 활발해서 주변에 수많은 생물이 서식하고 있는 열수분출공 생물 군집, 이른바 이런 생태계가 형성된 곳이라면 이들 생태계를 구성하는 각종 생물의 생리적, 생태적 특이성은 곧 '생물자원'으로서의 높은 가치를 지닐 수밖에 없다. 바로 이런 열수분출공과 열수생물 군집을 대한민국 연구팀이 인도양에서 2018년과 2021년 두 차례에 걸쳐 발견하는 쾌거를 거뒀다. 그뿐만 아니라 우리나라는 인도양에서 발견한 세 개의 새로운 열수 생태계의 연속적인 발견 이후 지금도 후속 탐사를 계속 이어가고 있다.

지금까지 열수분출공은 전 지구 판의 확장과 수렴축에서 대부분 발견되었다. 주로 그 지역은 태평양의 서부·남서부·남부·동부, 대서양, 인도양, 지중해, 북극해 등이었다. 이를 좀 더 세세히 보면 다음과 같다. 태평양의 서부에서 남부에 걸친 마리아나 해구, 마누스 해분, 북피지 해분, 라우 해분, 케르마데크 배호 해분, 오키나와 트러프의 여러 곳과 동부의 캐나다 앞 환드퓨카, 익스플로러, 골다 해령이나 미국에서 칠레 앞에 이르는 동태평양 해팽이다. 대서양에도 중앙을 남북으로 횡단하는 대서양 중앙해령이 있는데, 여기서도 동태평양 해팽 못지않게 다수의 생물 군집이 발견되었다. 인도양 중앙해령의 경우는 일본의 연구팀이 세계에서 가장 먼저 '카이레이'라는 열수지역을 발견한 곳인데, 대량의 열수분출공 생물 군집이 여기서 발견되었다. 2003년 1월 〈네이처Nature〉에 북극 주변의 가켈 해령(수심 2,000m)에서 열수생물의 존재 발견에 대한 발표가 있기도 했다.

용수생물 군집은 지구의 판이 말려 들어가는 해역의 해저유전이나 메탄하이드레이트 등과 같은 배경을 바탕으로 형성된다. 태평양의 북부·서부·남서부·동부, 멕시코만, 대서양의 동부와 서부, 지중해, 인도양 동부 등이 바로 그런 곳이다. 오호츠크해에는 수심 300~804m 정도에 메탄 용출이 있고, 알래스카 앞바다의 알류샨 해구(수심 4,530~4,980m), 서태평양의 경우는 마리아나 화산 앞의 남차모르 해산 정상부(수심 약 2,900m), 그 외 파푸아뉴기니 섬, 동태평양의 오리건 앞, 몬터레이만, 페루 해구, 칠레 해구 등에서 잇달아 열수분출공이 발견되었다.

사실 전 세계 대양에 분포된 해저화산과 낮은 해역에 자리한 온천 지역에서도 열수분출공과 관련된 생물들이 발견되었다. 피토 해산에서 발견된 새우류, 홍합류, 게류, 갯지렁이류 그리고 상대적으로 얕은 바닷가 지역인(489m) 피프스 해저화산에서도 유사한 형태의 조개 군집들이 발견된 바 있다. 이처럼 화학합성을 토대로 한 생태계는 중앙 해령의 열수 환경에만 국한되지 않는다. 그렇기 때문에 이들 생물 군집의 진화 과정과 생물지리학적인 이해는 다른 유사 생물들의 진화 과정과 비교해 그 흐름을 과학적 연구를 통해 세세히 밝혀야 하고, 그와 동시에 생물지리학에 대한 광범위한 이해까지 반드시 병행해야 한다.

한편, 남캘리포니아 해안의 조하대에 존재하는 분출공, 지중해 화산호의 분출공, 아이슬란드 북부에 있는 콜베인시 해령과 얀 매이든 해령의 분출공, 캄차카 지역의 우시시르 해저화산 분화구의 분출공 같은 여타의 얕은 지역에 있는 열수 환경에서는 심해의 열수 생태계에 포함된 무척추동물 종들이 발견되지 않았다. 이곳에 사는 무척추동물들은 심해 열수 생태계의 생물들과 비교해서 화학합성 독립영양

생물체가 무기영양물을 섭취해 이를 몸속에서 필요한 유기물로 합성하는 방식 박테리아의 도움을 받지 않는다는 사실이 밝혀졌다. 또한 열수분출공은 종종 담수 호수에서도 발견되고 있다. 해양의 열수 환경과 유사한 담수의 열수 환경을 갖춘 곳으로는 바이칼호나 탕가니카호, 오리건주의 화구호가 있다. 하지만 이들 담수지역 분출공에서는 특화된 동물이 발견되지 않았다. 게다가 박테리아 군집도 알려진 모든 담수 분출공 지역에서 지극히 평범했다.

2000년까지는 과학자들이 대서양 중앙해령, 동태평양, 북동태평양, 서태평양에서 발견된 각종 생물의 연구 결과로부터 열수분출공 생물상에 관한 기초 지식을 정립했다. 그러나 해양을 지구 전체적 관점에서 볼 때 이런 생물지리학적 그림 맞추기에는 큰 구멍이 있다. 그곳이 바로 인도양에 위치한 해령지역이다. 1984년 아덴만에서 이루어진 '시아나cyana' 잠수정을 이용한 조사에서 새우나 말미잘, 가재붙이류가 우점하는 낮은 온도의 수층이 언급된 바 있으나, 이후 아덴만에서 해당 종이 수집된 사례가 없다. 2000년에 이르러 일본 과학자들이 인도양 중앙해령의 로드리게스 삼중 접합점Rodriguez Triple Junction이라는 곳을 집중 조사함으로써 새로운 열수분출공이 발견되었다. 그곳이 카이레이 열수지역이다. 나 역시 바로 이곳에서 '신카이6500'을 활용한 탐사자로 참여해 심해 유인잠수정에 탑승하는 아주 중요한 기회를 얻었을 뿐 아니라, 인도양에서 첫 열수생물 시료 채집을 공동으로 진행하는 행운을 누렸다. 이곳은 대서양 열수지역에 서식하는 리미카리스Rimicaris와 매우 밀접하게 관련된 새우류가 카이레이 열수지역의 전체 생물량을 우점하고 있었고, 이 지역 환경은 TAG 열수지역, 스네이크 피트 열수지역과 유사했다. 하지만 털이 무성한 복족류와 홍합류를 포함한 다른 종들은 태평양 열수지역의 생물상과 유사했다. 이런 관측은 인도양 해령이 대서양 열수지역의 생물군과 태평양 열수지역의 생물군을 이어주는 연결고리 역할을 한다는 가설을 뒷받침해준다. 나아가 카이레이 열수지역 탐험은 태평양 또는 대서양에서 알려진 열수생물의 그 어떤 속과도 관련성이 없는, 비늘 달린 다리를 가진 복족류를 발견하는 주목할 만한 성과를 얻었다. 아가미의 상피 안에 박테리아가 독립영양하며 공생하는 분출공의 다른 연체동물들과 달리, 비늘 달린 다리를 지닌 복족류는 그들의 비대해진 식도기관 안에 박테리아가 공생하고 있다는 것을 알아낸 것도 그런 성과 중 하나다.

화학합성 생태계의 생물 다양성

열수분출공 생물 군집의 특이성과 관련해 우선 주목해야 할 것은 예상외의 높은 서식 밀도와 현존량이다. 거의 같은 수심의 일반 대양 바닥 퇴적물에는 저서생물의 현존 습중량(건조하지 않고 수분을 포함하는 시료의 무게)이 기껏해야 $1m^2$당 1g 정도지만, 열수지역은 우점하는 동물의 습중량만 해도 $1m^2$당 무려 15kg이 넘는 지역이 무척 많다. 실제로 열수생물 군집 발견 당시 표층에서 유래된 유기물이 해류에 의해 열수분출공 부근에 쌓여서 이곳 생물 군집을 유지하고 있는 게 아닐까 하는 가설도 있었다. 하지만 그 후 화학합성을 하는 세균을 발견하고 이들 세균과 대형 생물의 공생이 밝혀지면서, 생물 군집을 구성하는 생물들의 생존 원동력은 무엇보다 열수분출공에서 분출되는 물에 포함된 화합물을 화학합성하는 세균이라는 사실이 확인되었다.

열수지역이나 용수지역은 그 생태계가 형성된 면적은 그리 넓지 않지만, 그 안에서는 단위면적당 무척 많은 개체수가 군집하고 있다. 말하자면, 서로 다닥다닥 붙어서 살고 있다는 얘기다.

1979년과 1985년 사이에 북동태평양 인근의 열수분출공과 갈라파고스 열수분출공을 집중 탐사한 미국과 프랑스에 과학자들 덕분에 이곳에 서식하는 생물들의 독특한 해부학적, 생리학적, 영양학적 자료들이 만들어졌다. 예를 들어 관벌레 리프티아 피킵틸라*Riftia pachyptila*의 영양소라는 기관에 공생하고 있는 유황 산화 세균의 중요한 역할이 형태학적 면은 물론, 초미세구조, 생화학적인 면까지 점차 밝혀짐으로써 이러한 연구가 향후 발견될 전 세계 해양의 열수생물들의 생리적, 생태적 특성을 파악하는 데 중요한 기본 자료들이 되어줄 것이다. 또한 관벌레와 게류의 황 결합 단백질, 황의 공생자 소비, 해독작용 그리고 표면 세포층 내 유황 산화 효소의 높은 활성 등 열수 생태계를 체계적으로 이해하기 위한 많은 과학적 결과들이 하나둘 밝혀짐에 따라, 인류는 열수 생태계가 해양을 비롯한 지구 생태계 전반에 얼마나 중요한 역할을 하고 있는지에 눈뜨면서 차츰 그 비밀의 문을 열어가고 있다(사진 3).

북동태평양 반대편 서태평양에서는 파푸아뉴기니 앞의 마누스 해

[사진 3] 우리나라 무인잠수정 '해미래'와 육상에서 심해열수분출공과 같은 고압의 환경을 만든 수조. 더불어 먹이를 주며 육상에서 배양하는 관벌레와 장님게. 기타 다양한 열수 및 용수 지역의 생물들. 마지막 두 장의 전자현미경 사진은 크기 1mm 이하의 중형저서생물이다.

분에서 1985년에 열수분출공이 발견되었고, 같은 해에 대서양 중앙부에서도 열수지역이 발견된 바 있다. 그리고 세계에서 가장 깊은 해역인 마리아나 확장지역에서 1987년 프랑스의 과학자들이 열수생물을 발견했다는 보고가 있었다. 그 당시 마리아나 해역에서 발견된 생물들은 그동안 발견되지 않은 생물들이 많았다. 그 가운데 절반 정도는 동태평양의 열수지역에서 발견된 생물들과 유사했다. 특히 배씨모디올루스*Bathymodiolus* 속에 속하는 홍합류들이 압도적으로 많이 살고 있다는 점이 조금 다른 특징이었다. 마리아나 해역에서 발견된 새우류들이 대서양의 열수분출공에서 알려진 초로카리스*Chorocaris* 속 새우와 같은 종이었다는 점도 서로의 거리를 고려하면 무척 재미있는 발견이 아닐 수 없다. 그 후 이루어진 북피지와 라우 해분, 뉴아일랜드 해분 탐사는 해당 지역에서 대거 서식하는 복족류들, 즉 알비니콘차*Alviniconcha*에 속하는 생물들이 서로 종 단위에서 차이가 있다는 것을 밝히는 계기가 되었다. 이로써 과학자들은 인도양의 경우를 포함해 분자생물학적으로 여러 종이 전 세계적으로 널리 분포하고 있다는 연구 결과를 얻었다. 이러한 저서생물바다나 하천 등의 밑바닥에서 살아가는 생물의 고유성이나 공통성은 유생의 분산 과정과도 밀접하게 관련된다. 유생 분산 메커니즘으로는 메가 플룸mega plume 열수분출공에서 나온 열수가 주변으로 확산하는 것을 플룸이라고 한다에 의한 유생 운반, 고래 뼈 생물 군집이 분산의 중계지점이 된다는 징검다리 가설, 긴 유생 기간에 따른 장거리 분산 가능성 등의 가설이 등장했다.

화학합성 생물 군집의 종 다양성은 광합성 의존형의 심해생물 군집보다 낮게 나타난다. 화학합성 생물 군집을 구성하는 생물종의 서식 밀도나 생체량은 한두 종이 돌출적으로 커다란 값이 되어 군집의 70~90%의 상대량을 차지하는 것에 비해, 광합성 의존형에서는 돌출한 종은 출현하지 않는다. 오키나와 해구에 있는 열수분출공 생물 군집과 하쓰시마 주변의 광합성 의존형 심해생물 군집을 구성하는 저서생물을 밀도가 높은 순으로 나열하면 화학합성 생물 군집에는 출현 종수가 적고 최고 밀도의 종과 최저 밀도 종의 차가 크게 나타난다. 하지만 광합성 의존형에서는 출현 종수가 많고 밀도의 차이는 적다. 화학합성 생태계의 다양성이 낮은 이유는 아직 명확하지 않다. 다만 고온, 고농도의 황화수소나 중금속 같은 유독 환경에 적응하는 생물이 많지 않고, 열수나 용수역의 경우 분출에 한계가 있어 분출이 멈추는 순간 환경이 변하게 되는 불안정함 때문일 수도 있다. 정확하지는 않지만, 그런 환경의 불안정성 등도 여기에 영향을 미치고 있는지 모른다.

앞서 언급된 여러 열수와 용수역, 그리고 얕은 바다의 온천지역, 고래 뼈 생물 군집이나 육지에서 떠내려온 목재에서 만들어지는 다양한 생태계에 관한 연구는 오랫동안 다각도로 진행되었다. 게다가 연구 결과, 이들의 독특한 생리적 특징으로부터 인간에게 유익한 유전자원이나 신물질 그리고 유용물질의 개발 등 다양한 연구 주제를 찾아내어 지금도 세계 각지에서는 연구자들이 줄기차게 연구 성과를 얻어내고 있다. 이러한 연구들이 조금씩 인류에게 유용한 신약 개발이나 신물질로 만들어지기를 학수고대한다. 아울러 앞으로 과학적으로도 이들 생태계에 관한 전반적인 생명현상의 규명 등 우리가 밝혀야 할 숙제들이 겹겹이 쌓여 있다. 이러한 숙제를 하나하나 풀어가는 과정에서 우리나라 해양과학 발전도 이루어질 것이다.

〰〰 **참고문헌**

Dongsung KIM (1992) Oceanographic and Ecological Studies of Hydrothermal Vent and Cold Seep Communities of the Western Pacific. O.R.I., University of Tokyo, 117pp.
김동성 (2013) 열수분출공의 생물. 해양과학총서 4 '해양생물의 세계', 한국해양과학기술원 132-141

지구의 피부가
새로 태어나는 곳

이상묵

지구의 나이는 대략 45.6억 년이다. 육상에는 30억 년 또는 그 이상된 연령의 암석들이 있지만, 바다에는 2억 년 이상 된 암석이 존재하지 않는다. 생각할수록 정말 이상하다. 그런데 중앙해령이 어떤 역할을 하는지를 이해하면 그 이유를 쉽게 공감할 수 있다.

예를 들어 40~50대 중년 여성이 마치 아기처럼 뽀송뽀송한 피부를 갖고 있다고 생각해보자. 지구 표면이 바로 그렇다. 엄밀히 따지면 바다로 이루어진 부분이 마치 아기 피부처럼 계속 새롭게 탄생하는 것이다.

육상의 지각은 가벼워서 한번 만들어지면 지구 표면에 계속 둥둥 떠 있으려는 경향이 있다. 하지만 해양지각은 상대적으로 무거워서 거대한 맨틀 대류의 움직임에 따라 솟아오르기도 하고 가라앉기도

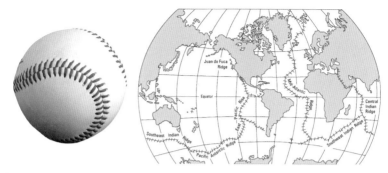

[그림 1] 마치 야구공의 실밥처럼 지구를 감싸고 있는 대양저 중앙해령(출처: 위키피디아).

한다. 바다의 나이가 젊은 것은 바다의 지각이 이처럼 계속 만들어지고 순환되기 때문이다. 지금 깊은 바다 한가운데로 가서 보면 화산이 일렬로 쭉 나열되어 있다. 보통 화산이라고 생각하면 산 모양의 원뿔을 생각할 수 있는데 바닷속에는 화산이 잇달아 이어져서 마치 화산으로 이루어진 거대한 산맥처럼 형성되어 있다. 능선의 총길이는 장장 7만km를 웃돈다. 얼추 계산하면 지구 두 바퀴에 해당하는 길이다. 이 때문에 많은 사람들이 이것을 마치 야구공의 빨간 실밥으로 이어진 이음 선과 비슷하다고 비유하는데, 이러한 해저 산맥을 지구과학자들은 중앙해령이라고 일컫는다.

해양지각이 탄생하는 중앙해령

[그림 1]의 오른쪽 그림에서 보는 바와 같이, 중앙해령은 주로 깊은 바닷속에 존재한다. 도대체 어떻게 만들어졌을까? 처음 지구가 생겨

났을 때는 지구 내부와 표면이 똑같이 뜨거웠다. 그러나 시간이 지나면서 지구 내부와 달리 표면은 빨리 식었다. 그 결과 지구의 겉과 속에 온도 차가 생겼고, 이를 극복하기 위해 지구가 대류를 시작했다.

겉이 식은 지구는 여러 개의 판으로 나누어졌고, 이 표면의 조각들이 뜨거운 맨틀 위에 둥둥 떠다니게 되었다. 이러한 조각들을 일컬어 판이라고 한다. 이 판은 서로 충돌하기도 하고, 또 그런 충돌 과정에서 하나가 다른 하나의 아래로 들어가기도 한다. 이처럼 대륙 지각의 충돌로 만들어진 것이 지금의 히말라야산맥, 알프스산맥, 로키산맥 같은 큰 산맥이다. 반대로 판과 판은 서로 갈라지기도 한다. 그럴 때 그 갈라진 틈을 따라 맨틀로부터 마그마가 올라오고, 이렇게 올라온 용암이 굳어져 해양지각이 만들어진다. 바로 이런 일이 벌어지는 곳이 중앙해령이다. 말하자면 중앙해령은 마치 아기 피부가 새롭게 탄생하듯이 뜨거운 맨틀이 올라와 굳어지면서 새로운 지구 표면이 만들어지는 곳이다. 나무의 나이테와 유사한 점도 있는데, 중심에서 계속 바깥으로 자라나기 때문에 중앙해령에서 멀어질수록 암석의 나이가 증가한다. 심해잠수정을 타고 바닷속의 중앙해령 아래로 내려가서 보면 바로 어제 올라와서 만들어진 암석도 만날 수 있다.

중앙해령에서 해양지각이 만들어지면 이것이 바다 표면을 따라 서서히 움직이는데 이 과정에 두꺼워지고 무거워져 대략 1억 7,000년 정도 되면 중력에 의해 서서히 지구 내부 맨틀 속으로 들어가 녹는다. 그래서 바다에는 2억 년 넘는 암석이 존재하지 않는 것이다. 세계 바다에서 가장 깊은 해구는 중앙해령에서 만들어진 암석이 다시 지구 내부로 들어가는 곳에 있다.

오늘날 지구에 생명이 존재하는 것은 바다와 대기가 있어서인데, 이는 중앙해령에서 마그마와 함께 물과 기체가 끊임없이 나왔기 때문이다. 지금의 우리가 존재할 수 있는 것은 어찌 보면 지구가 중앙해령과 해구를 통해 새로 만들어지고 소멸하는, 계속되는 순환 과정을 겪기 때문이다.

기술의 발달이 보여준 바닷속 세계

사실, 우리가 중앙해령의 존재를 알게 된 것은 비교적 최근의 일이다. 만약 중앙해령이 육상에 존재했다면 일찍부터 알았을 텐데, 깊은 바닷속에 있기에 쉽게 만날 수 없었다. 제2차 세계대전 당시 상대방의 잠수함을 찾기 위해 바닷속을 들여다보는 기술에 집중하면서, 즉 1960년대 말에 이르러서야 우리 인류는 중앙해령의 실체를 알게 되었다.

이렇게 깊은 바닷속은 어떤 모습일까? 바다는 빛과 같은 전자기파를 잘 흡수하기 때문에 100m만 내려가도 완전히 깜깜한 암흑세계다. 그런 빛과 달리 음파는 물속에서 아주 잘 전달되는 특성이 있다. 따라서 음파를 이용한 심해 탐사가 가능해진 이후에야 비로소 바닷속의 모습을 알게 되었고, 진정한 지구의 모습도 알 수 있게 되었다. 물론 음파만 있다고 바다 밑 세계의 모든 것을 다 알 수 있는 것은 아니

[그림 2] 다중빔 음향측심기multibeam echosounder라는 첨단기기로 관찰해 만들어진 동태평양 중앙해령의 모습(출처: Oceanus Magazine 1998년 3월호).

다. 음파 신호를 디지털 신호로 바꾸어 분석하고 판별하는 기술은 해저지형 조사 연구에 매우 중요하다. 1980년대에 들어서 컴퓨터 기술이 발달하면서 빠른 계산이 가능해진 다음에야 비로소 바닷속의 실제 모습이 드러나게 된 것이다.

[그림 2]를 보고 누군가는 외계의 어떤 행성의 표면이라고 생각할 수도 있겠다. 그림의 정체는 1980년대 수중 음파를 처리하는 기술이 발달하면서 바닷속을 음파로 측량한 결과다. 그림에서 보듯이 빨간색으로 표시된 높은 산맥이 중앙해령이다. 그림으로 보이는 중앙해령은 주변에 비해 300m 정도 높다. 당시에는 이런 그림을 5km 정도의 폭으로 배의 밑바닥에 달린 음향 장비를 사용해 실시간으로 그려냈다.

대양저 중앙해령에 관한 연구는 생물학이라는 예상치 않은 방향으로도 크게 발전되었다. 지금은 너무나 잘 알려진 일화이지만, 중앙해령은 1976년 미국 스크립스해양연구소의 과학자들이 딥토 카메라로 갈라파고스 해저화산을 조사하다가 우연히 발견한 것이다. 이때 발견한 흰색 조개껍데기를 계기로 1977년 미국 우즈홀해양연구소가 갈라파고스 해저화산 주변에서 어마어마하게 크고 다양한 심해 생태계를 발견했다. 참고로 당시 사람들은 심해저는 사막과 마찬가지로 생물이 많이 살 수 없다고 생각했다. 그런데 그와 반대로 몇 미터에 이르는 관벌레, 새우, 오징어 등이 해저화산에서 발견되었다. 이것은 중금속과 열수분출공을 먹이로 1차 생산을 할 수 있는 미생물 생태계가 존재하기 때문에 가능했다.

아마 많은 사람들이 TV 다큐멘터리를 통해 보았을 테지만, 이러한 심해 생태계는 지금까지 널리 알려진 육상 생태계와는 전혀 다른 차원의 것이었다. 육상에서는 미생물들이 광합성을 통해서 에너지와 유기물을 생산하는 데 반해, 빛이 없는 심해에서는 미생물들이 화산에서 뿜어져 나오는 화학물질을 이용해 화학합성으로 유기물을 생산했기 때문이다. 이런 바다 생태계는 엄청난 과학적 발견이 아닐 수 없었다. 마치 새로운 외계 생명을 찾아낸 것 같았다. 잠수정을 타고 심해에 내려갔다가 이 광경을 최초로 본 과학자들의 마음은 어땠을까? 분명 쥘 베른Jules Verne의 과학소설 《해저 2만 리》가 떠올랐을 것이다. 물론 거대한 문어가 잠수정 뒤에서 금방이라도 나타날까 봐 겁도 났을 것이다.

열수분출공 발견의 성과는 계속된다

빛이 없는 곳에서도 미생물들이 해저화산에서 나오는 성분을 이용해 고온에서 유기물을 만들어낸다는 것은 지구 초기에 어떻게 생명체가 만들어질 수 있었는지를 추측하게 하는 좋은 사례다. 과학자들은 단순한 호기심에 그치지 않았다. 더 나아가 이렇게 뜨거운 곳에서 활발히 번성하는 박테리아들을 의약품 생산 등 지금까지 없었던 새로운 효소를 만드는 데 사용하고자 시도했다. 또 지질학자들의 경우는 열수분출공에서 나오는 금속광물들을 잘 포획해 점점 고갈되는 육상 자원의 대안으로 활용할 수 있다고 생각하기에 이르렀다.

결국 중앙해령은 20세기 초 독일의 지구물리학자 알프레드 베게너Alfred Wegener가 주장한 판구조론이라는 거대한 지구과학적 패러다임과 19세기 찰스 다윈Charles Darwin의 진화론이라는 생물학적 패러다임, 이 두 거대한 이론이 만나서 하나가 되는 20세기 최고의 과학적 성과 중 하나인 것이다.

운이 좋게도 나는 이렇게 새로운 발견 소식이 세상을 떠들썩하게 하던 바로 그때에 미국으로 가서 공부하게 되었다. 여러 학문 분야 중 중앙해령을 연구 대상으로 택한 것은 어쩌면 너무나 당연했다. 그 뒤 제일 먼저 탐사한 중앙해령은 동태평양 중앙해령 북위 9도 30분 부근이었다. 그때가 1988년으로, 우리나라가 서울 올림픽을 성공적으로 개최한 후 경제 성장에 접어든 때였다. 이 동태평양 중앙해령 지역은 지금까지 이론으로만 상상해왔던 마그마 체임버magma chamber: 상당량의 마그마가 모여 있는 지하 공간라는 구조가 실제로 처음 발견된 곳이었다. 해양지각과 육상지각은 여러 가지 면에서 차이가 난다. 그중 하나가 육상지각은 두께도 천차만별이고 생성 연대도 제각각인 데 반해, 이상하게도 해양지각은 7km라는 일정한 두께를 지니고 있다는 점이다. 왜 이렇게 다를까? 게다가 왜 해양지각은 두께가 왜 일정한가? 이를 규명할 수 있는 착상 중 하나로, 지표면으로부터 1.5km 아래의 마그마 체임버라는 구조가 바로 중앙해령 아래 존재할 것이라는 아이디어가 나왔다. 그런데 그 증거를 오랫동안 찾지 못하다가 1987년 동태평양 중앙해령에서 이를 풀 수 있는 결정적인 단서를 발견했다. 이를 계기로 나는 이 마그마 체임버의 정확한 삼차원 구조를 밝히기 위해 토머스톰슨이라는 연구선을 타고 동료 연구원들과 바다로 나갔다.

국제적 협력이 만들어낸 연구 속도

1976년 갈라파고스에서의 심해 열수 생태계 발견, 1987년 동태평양 중앙해령에서의 마그마 체임버의 발견 등 앞서 거론한 성과 이외에 1970~1980년대는 해양 기술이 크게 발전한 시기이기도 하다. 정확한 해저의 모습을 컴퓨터로 신속하게 처리해 영상화하는 다중빔 음향측심기의 개발, 다중채널 탄성파 기술의 발달로 인한 지구 내부 영상화, 그리고 화학성분을 신속 정확하게 분석할 수 있는 분석기기와 기법의 발달 등은 중앙해령 연구를 크게 촉진시켰다. 이 분야의 연구는 미국뿐 아니라 다른 선진국들도 앞다투어 뛰어드는 세계적인 각축장이 되었다. [그림 1]에서 보듯이, 중앙해령은 지구 둘레의 2배의 길이에 해당하고, 특히 대부분이 깊은 바닷속에 존재한다. 일반인은 접근하기 어려운 곳이다. 어쩌면 지구상에서 가장 외진 곳이라 할 수 있다. 그러나 이곳은 전 세계 과학자들의 호기심을 끌었을 뿐 아니라 앞다투어 찾아오고 연구하게 만들었다.

미국 국립과학재단National Science Foundation, NSF이 리지RIDGE, Ridge Inter-Disciplinary Global Experiment라는 프로그램을 통해 1990년부터 10년간 대대적인 지원을 했으며, 21세기에 들어서는 또다시 10년간 RIDGE2000 프로그램을 통해 지질학뿐만 아니라 생명과학까지 포함한 연구를 지원함으로써 바야흐로 중앙해령 연구의 시대가 열렸다. 이처럼 미국에서 중앙해령 연구가 주목받게 되자 전 세계 선진국들도 동참하기 시작했다. 영국은 브리지BRIDGE라는 프로그램을 만들어 주로 북대서양에 관한 연구에 나섰고, 척추를 뜻하는 돌살DORSALES이라는 프랑스의 프로그램을 통해 많은 나라들이 경쟁적으로 연구선을 보내 탐사 연구를 추동시켰다. 이에 질세라 일본도 재팬인터리지JAPAN-InterRidge를 구성해 태평양을 중심으로 연구했고, 독일, 캐나다 등도 같은 연구에 엄청나게 투자했다. 그 결과 완성까지 30년 정도 걸릴 것이라고 여겼던 전 세계 중앙해령에 대한 1차 조사가 불과 10년 만에 이루어졌다. 이는 과학 연구의 대표적인 성과로 회자되는 인간게놈 프로젝트가 상당한 기간이 걸릴 것으로 예상되었지만, 새로운 기술 개발로 인해 신속하게 이루어진 것과 유사하다. 최근 코

[그림 3] 인터리지의 홈페이지(https://www.interridge.org/).

로나 19 때문에 전 세계가 백신 개발에 힘을 합쳤던 것도 같은 사례라 할 수 있다. 누가 먼저 개발하느냐도 중요하지만, 이런 인류적 차원의 문제는 전 세계가 서로 협력하고 정보를 공유하는 것이 매우 중요하다.

인터리지InterRidge: 국제중앙해령연구협외체가 만들어진 것도 바로 이런 국제적인 상황에 기인했다는 점을 강조하고 싶다.

전 세계의 선진국들이 자국 정부로부터 지원받아 대대적인 중앙해령 연구에 나섰다. 인터리지는 각국의 과학자들이 서로 논의해 중복 연구는 피하는 한편 각국의 연구 결과를 공유하는 차원에서 만들어진 것이다. 한 나라가 아니라 여러 나라가 동시에 힘을 합쳤을 때 어떠한 결과가 나오는지를 잘 보여주는 대표적인 사례이자 교훈이라 할 수 있다.

국제협력이 중요한 때 한국이 맡은 역할

그런데 잘 진행되던 인터리지가 2015년 들어 위기에 봉착했다. 주된 원인은 크게 두 가지였다. 하나는 미국이 1980년부터 2010년까지 수행했던 중앙해령 연구들이 마무리되면서 인터리지가 미국의 관심 밖으로 밀려난 점이다. 미국은 이제 인터리지를 통하지 않고서도 독자적인 연구를 수행할 수 있을 정도로 모든 기반 시설과 인력을 갖추었다고 생각했다. 다른 하나는 그동안 선진국(미국, 일본, 영국, 프랑스. 독일, 캐나다)들이 자료와 기술 등이 부족한 초기에 과학적인 탐사를 진행하고 각종 정보를 얻었는데 후발주자로 들어온 중국, 인도, 한국 등이 기초과학에 대한 투자보다는 다른 국가들이 축적한 지식과 정보를 바탕으로 광물을 개발하고 열수분출공 주변에서 유용한 물질을 뽑아내는 데만 열을 올리자 선진국과 후발주자들 간의 대립이 생기기 시작한 점이다. 특히 중국이 인터리지의 사무국을 유치해 운영하던 2015년을 전후로 갈등의 골이 깊어지자 미국은 여기서 완전히 탈퇴하고 나머지 선진국들도 멤버십의 등급을 스스로 강등하는 형국에 처했다. 기초과학이냐 아니면 응용과 개발이냐에 대한 해당 국가의 전략적 차이가 갈등의 핵심이었다. 참고로 국가마다 자국의 배타적 경제수역 안에서는 마음대로 연구하고 개발할 수 있다. 또한 공해상의 경우에는 유엔United Nations, UN 국제해양법에 따라 만들어진 국제해저기구International Seabed Authority, ISA로부터 탐사권을 받으면 가능하다.

국가별로 서로 다른 입장을 잘 조율하고 다시 과거의 협력 시대로 나아가야 한다는 목소리도 곳곳에서 제기되기 시작했다. 그런데 미국과 중국 같은 큰 국가들의 갈등을 과연 누가 해결할 수 있을까? 그 주요한 사명을 부여받은 나라가 우리 대한민국이다. 최근 우리나라는 해양과학 역량이 높아졌을 뿐 아니라 국제무대에서도 존재감을 발휘하면서 중요한 역할을 맡게 되었다. 그 결과 서울대학교가 2020년부터 3년간 인터리지를 유치했다. 마침 2020년 초는 코로나19로 인해 지금까지 우리가 추구해온 삶의 방식, 그리고 원활한 국제적인 교류에 예기치 않은 도전을 받는 시기와도 맞물려 있었다.

　이제 기존의 방식에서 벗어나 과감히 새로운 협력 모델을 만들 필요가 있다. 이것은 우리에게는 위기인 동시에 새롭게 도약할 기회다. 세계의 역사가 말해주듯, 국제적인 연대가 원활히 이루어질 때 세계 인류를 위한 큰 연구 성과도 달성할 수 있다. 다만, 정부가 개입해 과학자들에게 지나치게 간섭하고 실용적인 성과만 성급히 요구하면 오히려 학문 발전은 더뎌진다. 기초과학적 사명과 함께 인류 전체가 과학의 산물을 공유할 수 있도록 조율하면서 후세에도 의미 있게 계승될 수 있도록 하는 것이 인터리지의 목표라고 할 수 있다. 이런 선견지명이 절실히 요구되는 이때, 우리나라는 현재 국제 학술 활동에서 중요한 사명을 떠맡은 것이다. 대한민국은 선진국으로부터 원조를 받던 나라에서 다른 나라에 원조를 할 수 있는 나라로 탈바꿈한 세계 유일한 나라다. 우리는 우리나라의 이익뿐만 아니라 국제사회에 중요한 조율자 역할을 담당해야 하고, 또 인류의 보고인 심해 중앙해령의 보전과 연구에도 전 세계 대표국가로서 앞장서야 할 때가 되었다.

심해 열수분출공,
어디에 있고 어떻게 찾는가

김종욱

제주도, 울릉도, 독도, 하와이, 아이슬란드, 갈라파고스, 솔로몬, 통가…. 이런 지명을 잇달아 들으면 사람들의 뇌리에는 어떤 것이 떠오를까? 얼핏 보면 별로 상관없을 것 같은 지명의 나열일지도 모른다. 하지만 지리적 상식이 약간 있다면 금방 떠오르는 공통점이 있을 것이다. 그렇다. 이들은 모두 화산 분출로 생성된, 이른바 화산섬들이다. 이들 화산섬은 바닷속에서 분출한 해저화산의 활동으로 인해 생겨났다. 우리가 익히 알고 있듯이, 일반적으로 화산은 땅속의 뜨거운 용암이 지표로 분출함으로써 만들어진다. 그렇다면 지금까지 지구상에 존재하는 화산 중 어떤 것이 가장 큰 화산일까? '폼페이'란 명칭으로도 유명한 이탈리아의 베수비오 화산일까, 전 지구적으로 대류권 온도를 낮추게 했다는 필리핀의 피나투보 화산일까? 아니면 명성도 자자한

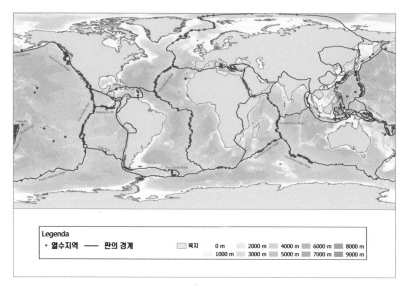

Legenda
· 열수지역 ——— 판의 경계   육지   0 m   2000 m   4000 m   6000 m   8000 m
                                              1000 m   3000 m   5000 m   7000 m   9000 m

[그림 1] 전 세계 열수활동지역 분포를 나타낸 지도(그림. 출처: 위키미디어 커먼스 https://commons.wikimedia.org/wiki/File:Distribution_of_hydrothermal_vent_fields.png68).

미국의 하와이섬일까? 혹시 우리나라의 백두산일까? 아니다. 모두 틀렸다. 세상에 존재하는 가장 큰 화산은 우리 눈에 보이지 않는 곳에 있다. 그 화산은 바닷속 깊은 곳에 조용히 숨어 있다. 다름 아닌 중앙해령이다.

판이 만나는 곳에 형성된 거대한 해저 산맥

지구과학 교과서를 통해 학교에서 배운 중앙해령은 통상 새로운 해양지각이 만들어지는 판의 경계로 설명되고 있다. 즉 중앙해령은 태평양, 대서양, 인도양 등 전 대양에 걸쳐, 야구공의 실밥처럼 바닷속을 둘러 가며 총 6만 5,000km의 길이로 연속된 해저 산맥을 지칭한다(연속된 산맥의 길이이며 능선의 총길이는 8만km에 육박한다). 무엇보다 바다는 지구 표면의 70%를 차지하고 그 바닷속 해저면이 중앙해령의 화산활동으로 만들어졌다는 것을 알면, 우리는 그 규모가 육상의 화산과는 비교할 수도 없을 정도로 크다는 사실을 직감할 수 있을 것이다.

게다가 깊은 바닷속에서 일어나는 중앙해령의 화산활동은 육상의 화산활동과는 조금 다르다. 중앙해령에서 새로 만들어진 해양지각은 시간이 갈수록 점차 무거워진다. 그 결과 둥근 지구 표면을 조각조각 이어붙인 것 같은 해양판의 한쪽 끝단은 점차 가라앉게 된다. 해구로 불리는 깊은 해저지형은 오래된 해양판이 가라앉는 곳을 말한다. 그런데 이들 해양판의 한쪽이 가라앉으면서 당겨지면 어떻게 될까? 연결된 조각 중 어느 부분은 분명 찢어지고 갈라질 것이다. 이런 현상이 나타난 곳이 중앙해령이다.

그렇다면 중앙해령의 화산활동은 어떻게 해서 일어날까? 머릿속으로 한번 상상해보자. 높은 압력을 가두고 있는 껍질(지각)이 갈라지면 그 틈을 따라 안에 갇혀 있던 물질이 빠져나올 것이다. 다시 말해 지각이 갈라져 생긴 공간을 그 밑의 맨틀이 상승해서 채운다는 뜻이다. 맨틀이 상승하면 어떻게 될까? 여기서 독자 여러분의 상상이 한 번 더 필요하다. 지구의 깊은 곳으로 내려갈수록 온도와 압력이 상승하고, 반대로 얕은 곳으로 올라오면 올라올수록 온도와 압력은 감소한

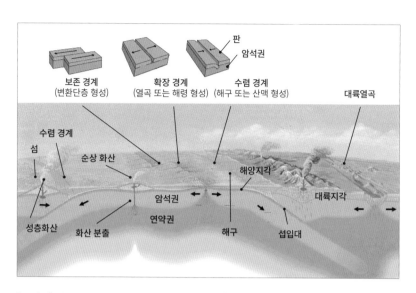

[그림 2] 판 경계와 열점에서 일어나는 화산작용을 설명하는 그림. 해양판이 벌어지는 중앙해령에서는 지표 가까이 맨틀이 상승하면서 녹아 마그마가 형성된다(그림 출처: 위키미디어 커먼스 https://commons.wikimedia.org/wiki/File:Tectonic_plate_boundaries_clean.png).

다. 이를 이해하기 위해 다른 이야기를 곁들여보자. 지금은 산에서 취사가 금지되어 있지만, 예전에는 사람들이 등산을 가면 산에서 밥을 해 먹었다. 그 재미로 산을 오른다는 사람들이 많았다. 그런데 산에서 짓는 밥은 잘 익지 않는다. 산이 높을수록 밥은 설익는데 이는 높은 곳일수록 기압이 낮아져 물의 끓는점 역시 낮아지는 탓에 쌀을 충분히 익히지 못하는 것이다.

이제 다시 물속으로 돌아가자. 땅속 깊은 곳의 맨틀이 상승하면서 압력이 낮아지면 어떤 현상이 생길까? 맨틀의 녹는점이 낮아져서 암석이었던 맨틀이 녹는다. 이것이 마그마가 만들어지는 원리다. 실제로 맨틀 자체의 온도는 상승할수록 점점 낮아질 테지만 말이다. 이처럼 중앙해령에서 압력 감소로 인해 마그마가 만들어지는 과정을 '감압용융'이라고 한다.

용융된 마그마는 고체에서 액체가 된 만큼, 밀도 역시 상대적으로 낮아져서 지표(해저면)로 상승 분출한다. 바로 이것이 중앙해령에서 실제로 일어나는 화산활동이다. 이런 화산활동은 한 번으로 그치지 않고 길게 연결된 중앙해령을 따라 끊임없이 일어나고 있다. 맨틀이 상승하면서 온도가 낮아진다고는 하지만 맨틀이 녹아 만들어진 마그마는 여전히 뜨거울 수밖에 없다. 그 온도는 보통 1,300~1,650℃에 이른다. 이렇게 뜨거운 마그마가 상승하면 주변의 차가운 해양지각을 데우는 것은 자연스러운 이치다. 해양판이 갈라져서 형성된 중앙해령은 단층대나 파쇄대단층을 따라 암석이 부스러진 부분으로, 길쭉한 띠 모양을 이룬다가 발달하고 해수가 그 공간을 채운다. 심해 열수분출공은 마그마가 해양지각을 데우면서 열을 전달할 때 해양지각 공극空隙을 채우고 있는 해수의 순환(대류)이 일어나는 바로 그 과정에서 만들어지는 것이다.

보지 않고도 열수활동을 감지한 과학자들

판이 새로 형성되는 중앙해령의 마그마 상승에 따른 해저 열수활동은 20세기 후반 들어 판구조론이 본격적으로 정립되면서 예측되었다. 처음에 과학자들은 새로 생성된 뜨거운 해양지각이 열전도로만 냉각될 것으로 예측했다. 하지만 중앙해령을 따라 행해진 해양 조사에서 실측된 열류량 측정 결과는 열전도를 통한 냉각률에 비해 온도가 매우 낮았다. 이런 현상은 열전도뿐 아니라 해양지각의 열 손실이 다른 무엇인가에 의해 일어나고 있다는 것을 의미했다. 널리 알려졌다시피 열은 복사, 전도, 대류를 통해 전달된다. 이런 과정을 똑같이 따른다면 열수 순환에 의한 대류현상이 중앙해령이 위치한 해저에서도 일어날 것이다. 이것이 과학자들의 예측이었다.

기이하게도 해저 열수활동은 또 다른 분야에서도 예측되었다. 육상의 구리광산을 연구하던 지질학자들은 특정한 유형의 구리광산이 과거 해저화산활동과 관련되어 형성되었을 것으로 예측한 바 있다. 이것이 우리가 알고 있는 화산 기원 괴상 황화물 광상volcanogenic massive sulfide deposit, 즉 VMS 광상이다. 이는 판 운동에 따라 대륙의 모양이 달라질 때 과거의 해저 지층에 숨어 있던 자원이 육지로 융기하면서 드러난 것이다. 실제로 유럽의 청동기 시대는 키프로스 섬에 형성된 VMS 광상에서 비롯되었다. 구리의 영어 명칭인 카퍼copper는 라틴어 쿠프럼cuprum이 그 유래인데, 이는 고대 그리스어인 키프로스Cypros, 즉 키프로스 섬에서 따온 것이다. 먼 과거에 해저화산활동에 의해 구리광산이 만들어졌다면 지금도 화산활동이 활발한 바닷속 어디에서는 새로운 금속 광상이 만들어지고 있지 않을까? 이런 의문은 해저 열수활동에 관한 또 다른 예측을 촉발했다.

물론 이론과 관측을 통해 예측된 해저 열수분출공을 실제로 발견하기란 쉽지 않은 일이다. 무엇보다 수백~수천 미터의 바닷속은 예나 지금이나 사람들의 발길을 허용하지 않는 미지의 영역이다. 하지만 해저 관측 기술과 깊은 해저까지 도달 가능한 잠수 기술의 발달로 해저 열수분출공을 관측하려는 계획은 점차 현실화되었다.

하지만 계획 단계를 넘어 구체적인 실행 단계에 접어든다고 하더라도 해저에서 실제 열수분출공을 찾기란 넓디넓은 수풀에서 바늘 찾기다. 갖가지 난관에 봉착하고 수많은 실패를 거듭한 끝에 마침내 과학자들은 1977년 태평양의 갈라파고스섬 주변의 해저에서 해저 열수분출공을 찾아냈다. 깊은 바닷속까지 내려간 미국의 심해유인잠수정 앨빈호가 마치 굴뚝처럼 생긴 곳에서 검은 연기를 내뿜고 있는 해저 열수분출공을 발견한 것이다. 이는 학문적 예측을 실제 자연에서 찾아낸 20세기 해양과학의 위대한 업적이었다. 이를 계기로 다양한 탐사와 연구 활동이 촉발되었다. 현재 지구상에는 700곳 이상의 열수지역이 존재한다고 알려져 있으며, 지금도 계속해서 새로운 열수지역의 발견이 보고되고 있다.

열수분출공을 찾기 위한 사전 준비

이제 해저 열수활동은 어떻게 이루어지는지 좀 더 자세히 살펴보기로 하자. 앞서 언급했듯이 해저 열수분출공을 만드는 열수 순환이 일어나려면 마그마나 뜨거운 관입암마그마가 지표 위로 분출하지 않고 지각 내에서 굳어 이루어진 암석과 같은 열원이 필요하다. 해양지각의 부서진 틈을 채우고 있는 해수가 데워지면 지각을 구성하는 암석과 반응하면서 갖가지 화학적 변화가 일어난다. 이 해수-암석 반응을 통해 산화원자·분자·이온 따위가 전자를 잃는 일 상태의 알칼리성인 해수의 조성이 점차 환원원자·분자·이온 따위가 전자를 얻는 것 상태의 산성으로 변한다. 이 과정에서 어떤 성분은 해수에 더 녹아들고 어떤 성분은 제거된다. 이때 제거되는 대표적인 원소는 마그네슘이다. 조성이 바뀐 해수가 더 고온의 반응대에 도달하면 주변의 암석에 포함된 황과 금속(구리Cu, 철Fe, 망간Mn, 아연Zn 등)들이 용해되어 응집된다. 이렇게 성분이 바뀐 뜨거운 해수를 열수라고 하며, 이런 상태를 만드는 온도와 압력 조건은 각각 최대 425℃와 400~500기압에 이른다. 만일 열수의 온도, 압력 조건이 해수의 비등끓는점 곡선보다 높으면 유체는 염도가 낮은 휘발성vapor 성분과 염도가 높은 염수brine 성분으로 분리된다. 열수분출공에서 채취된 열수는 대체로 해수에 비해 높거나 낮은 염도를 보이는 경우가 흔하다. 이는 열수의 생성 과정에서 상분리하나의 상을 형성하고 있는 물질계가 온도, 압력, 조성 등의 변수로 두 상으로 갈라지는 현상. 기체상-액체상, 액체상-고체상 등 흔하게 일어나기 때문이다. 고온의 열수에서 상당량의 금속원소들은 염화물의 형태로 녹아 있기 때문에 열수 내 염도의 차이는 금속 함량에도 영향을 미친다.

깊은 해양지각에서 뜨겁게 형성된 열수는 차가운 해수에 비해 밀도가 낮아지고 부력 때문에 해저면으로 빠르게 상승한다. 열수가 해저면으로 상승하여 차가운 해수와 만나면 급격한 환경 변화가 생겨서 금속원소를 비롯해 녹아 있던 각종 성분이 광물로 침전해 열수분출공이 만들어진다. 빠르게 침전한 광물 입자는 마치 분출하는 시커먼 굴뚝 연기처럼 보인다. 광물 입자는 성분에 따라 검은색(금속광물)

과 흰색(비금속광물)을 띤다. 이는 우세한 광물 입자에 따라 블랙 스모커 또는 화이트 스모커로도 불린다. 분출된 금속광물 입자들은 해수에 비해 무거워서 멀리 이동하지 못하고 주변에 쌓인다. 이렇게 해서 구리를 비롯한 금속광물이 해저 열수활동에 의해 만들어진다. 열수 분출공 주변과 그 하부에서는 열수활동이 지속됨에 따라 금속은 점차 농축된다. 해저 열수 분출이 오랜 기간 지속되면서 금속광물이 쌓여 자원으로 이용 가능한 규모가 되면 이를 광상이라고 부른다. 한마디로 열수분출공은 새로운 자원이 지속해서 만들어지는 '살아 있는 자원 생산의 현장'인 것이다.

지금까지 심해 열수분출공이 어디에서 어떤 과정을 통해 만들어지는지 대략 살펴보았다. 그런데 이런 새로운 열수분출공은 어떻게 찾을 수 있을까? 열수분출공을 실제로 찾으려면 무엇보다 먼저 열이 공급되는 곳, 이른바 해저화산활동이 실제로 일어나는 곳부터 찾아야 한다. 그곳이 바로 중앙해령이다. 중앙해령은 말 그대로 해저 산맥이다. 중앙해령의 위치를 알기 위해서는 해저지형을 철저히 조사해야 한다. 육지의 지형은 우리가 직접 눈으로 볼 수 있지만, 바닷물로 뒤덮인 해저지형은 우리 눈에 보이지 않는다. 가시광선이 깊은 바닷속까지 도달하지 못하기 때문에 눈을 아무리 크게 떠도 볼 수 없다. 이때 우리 눈을 대신하는 것이 음파다. 해저지형은 수심 분포의 다른 말이기도 하다. 해양조사선에는 수심을 측량할 수 있는 음파탐지기가 있다. 음파를 발생시켜 내보낸 후 해저면으로부터 반사되어 돌아오는 시간을 측정하면 수심을 알 수 있다. 해양 과학기술이 발전함에 따라 최근의 수심 측정 장비는 한 번에 수백 개의 음파를 사용할 수 있을 정도로 첨단화되었다. 이런 방식으로 해저지형을 스캔할 수 있다. 그런데 문제는 아무리 첨단장비가 발달한다고 해도 해양조사선을 이용한 지형조사 범위에 비해 바다는 너무나도 광활하다는 점이다. 일단 10km의 너비를 스캔할 수 있는 장비를 가진 조사선을 이용해 해저지형을 조사한다고 가정해보자. 시속 10노트_{배의 속도를 나타내는 단위로, 1노}트는 시간당 1해리, 곧 1,852m를 달리는 속도의 속도로 이동하는 조사선은 시간당 $180km^2$의 해저지형을 측정할 수 있다. 약 5억 1,000만km^2인 지구 표면적의 70%를 차지하는 바닷속 해저지형을 이런 조건으로 스캔하려면 대략 200만 시간이 필요하다. 햇수로 따져 약 230년이 걸린다는 이야기다. 이것이 조사선을 이용한 전 세계 해저지형 조사가 지금도 제대로 이루어지지 못하고 있는 이유이기도 하다.

눈치 빠른 독자라면 뭔가 좀 이상하다는 생각이 들지 모른다. 중앙해령의 길이가 6만 5,000km에 이른다는 말도 들었고, 또 어디선가 해저지형도를 본 기억도 있기 때문이다. 게다가 당장 인터넷으로 검색하면 누구라도 해저지형도를 찾을 수 있다. 이것은 인공위성 덕분이다. 산맥과 골짜기가 형성된 해저지형은 중력의 차이를 발생시킨다. 이런 중력의 차이는 해저지형의 모양에 따라 밖으로 부풀거나 안쪽으로 내려가서 해수면의 차이를 만든다. 과학자들은 인공위성으로 해저면의 높이를 측정해서 전 세계의 해저지형을 만들어냈다. 물론 인공위성으로 만들어진 해저지형도의 해상도는 음향측심에 비해 현저히 낮지만, 중앙해령을 비롯한 해저지형을 구분하기에는 충분하다.

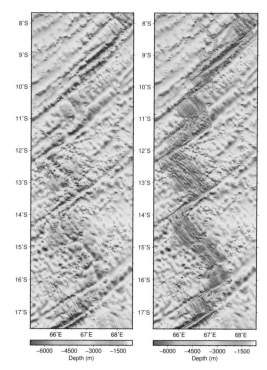

[그림 3] 중앙인도양 해령 해역의 인공위성 해저지형 자료(왼쪽)와 동일 지역에서 수행된 온누리호의 음향탐사를 통해 그려진 해저지형도(오른쪽).
(그림 출처: 한국해양과학기술원)

이제부터 해저화산활동이 집중되는 중앙해령의 특정 구간에서 새로운 열수분출공을 찾는 흥미로운 여정을 시작해보기로 하자. 이 여정에 오르려면 가장 먼저 해야 할 작업이 있다. 우리가 알고 있는 해저지형을 다시 꼼꼼히 조사하는 것이다. 인공위성의 도움으로 만들어진 해저지형도의 해상도는 중앙해령의 확장축과 그 주변의 지형이나 지질 구조를 파악하기에는 충분하지 못하다. 조사선을 이용한 엄밀한 해저지형 조사가 이루어져야 중앙해령의 자세한 지형을 알 수 있다. 이를 통해 확장축을 따라 발달한 해저 열곡이나 그 주변에 형성된 심해구릉의 구조를 알 수 있고, 중앙해령 확장축을 연결하는 변환단층도 좀 더 잘 구분할 수 있다. 이런 절차가 이루어지고 나서야 비로소 새로운 열수분출공을 찾을 준비가 된 것이다.

암흑의 심해에서 열수분출공을 찾는 법

그런데 이런 준비만으로 당장 열수분출공에 접근 가능한 심해잠수정을 내릴 수 있는 처지는 아니다. 중앙해령의 화산대에서 다시 열수분출공을 찾아야 하기 때문이다. 지금까지 나온 연구들을 종합하면, 지구상에 존재하는 열수 분출지역은 해저화산활동이 활발한 판의 경계(중앙해령)를 따라 평균적으로 약 50~100km마다 형성된 것으로 파악된다. 얼핏 생각하면 충분히 관찰 가능한 거리로 판단할 수도 있다. 하지만 우리가 간과해서는 안 될 점이 있다. 앞서 언급했던 것처럼 심해는 암흑의 세계라는 점이다. 유인 또는 무인잠수정을 활용한다고 해도 육안이나 카메라로 볼 수 있는 거리는 고작 10~15m에 지나지 않는다. 더욱이 심해잠수정의 이동 속도도 빠르지 않다. 0.5~1노트 정도인데, 이를 익숙한 단위로 바꾸면 고작 시속 1~2km 수준이다. 사람이 걷는 속도의 절반 이하인 것이다. 그러니 심해잠수정의 카메라를 움직이며 사방 500m 정도의 면적을 조사하는 데 꼬박 하루가 걸린다. 결국 해저지형도만으로는 부족하다는 것이다. 그렇다면 우리에겐 무엇이 더 필요할까?

여기서 우리가 기억해야 할 것이 있다. 열수분출공에서는 뜨거운

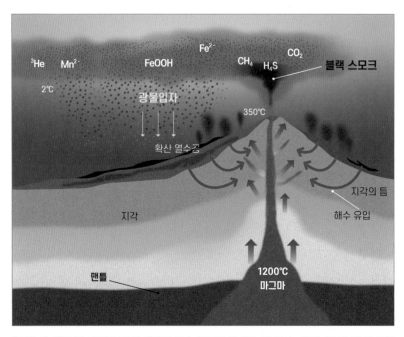

[그림 4] 해저 열수분출공에서 배출된 열수 플룸의 확산을 설명하는 그림. 중성부력에 의해 더 상승하지 못하고 측면으로 확산되는 열수 플룸은 광물입자와 고유한 화학종을 가지고 있어 물리화학적 추적자를 이용해 조사할 수 있다.

물과 광물 입자가 쉴 새 없이 뿜어져 나온다는 사실이다. 열수분출공에서 배출된 열수는 주변 해수에 비해 밀도가 낮아 수직으로 떠오르다가 주변 해수와 밀도가 같아지면 더 이상 떠오르지 않고 수평 방향으로 퍼지게 된다. 열수분출공에서 나온 열수가 주변으로 확산되는 것을 플룸이라고 한다. 굴뚝에서 나온 연기가 주변으로 퍼져가는 모양은 주변에서 쉽게 봤을 것이다. 바닷속에서 그런 광경이 펼쳐진다고 연상해보면 된다. 열수분출공 하나의 지름은 대개 1m 내외다. 때로는 군집 형태로 분포하기도 하지만 활동성 열수분출공 군집은 대개 수십 미터 범위에 한정된다. 하지만 여기서 배출되어 주변으로 퍼져나가는 열수 플룸은 훨씬 더 멀리까지 확산된다. 따라서 이 열수 플룸을 찾으면 우리는 열수분출공에 한 걸음 더 가까이 가는 셈이다.

그러면 열수 플룸은 어떻게 찾을 수 있을까? 앞서 설명했듯이 열수는 해수와는 물리·화학적 조성이 매우 다르다. 우선 아주 뜨겁다. 고온의 열수분출공에서 나오는 열수의 온도는 300℃ 이상이다. 그렇다면 온도만 측정하면 열수분출공을 찾을 수 있을까? 아쉽게도 그렇지 않다. 열수분출공에서 배출된 열수는 해수와 맞닿으면 금방 식어버리기 때문이다. 불과 수십 미터만 벗어나도 온도 차이를 감지하기 어렵다. 그렇다고 해서 아직 포기하기에는 이르다. 열수에 녹아 있는 많은 금속원소와 화산기체를 비롯한 성분들을 열수 플룸을 찾기 위한 추적자로 이용할 수 있다. 특히 헬륨과 같이 보존성이 뛰어난 화학 추적자는 열수분출공에서 수백 킬로미터 떨어진 위치에서도 검출할 수 있다. 다만 해수 내 미량원소의 분석은 시료 채취 후 실험실에서나 가능한 일이라 실제 현장에서 바로 실행하기는 어렵다. 물론 최근 휴대용 분석 장비가 개발되고 해양조사선의 기능이 갈수록 향상되면서 선상 실험실에서도 많은 분석이 이루어지고 있지만, 이런 정교한 분석은 시료를 채취한 후 실험실에서 진행해야 한다.

탐사 현장에서 가장 효율적인 방법은 관측 센서를 이용하는 것이다. 열수 플룸 추적에 가장 널리 이용되는 방법은 입자농도 측정법이다. 수층 특성을 조사하는 대표이자 단골 장비인 CTDConductivity Temperature Depth profiler, 수층별 수온·염분·수심 측정기, 이하 CTD를 이용하는데 여기에 여러 관측 센서를 추가할 수 있기 때문이다. 많은 부유입자들이 떠 있는 표층과 달리 심해 저층에서는 입자 농도가 현저히 감소한다. 따라서 심해에서 검출되는 부유입자는 열수분출공에서 나온 광물입자일 가능성이 크다. 물론 해저지형에 따라 저층 해류로 인해 퇴적물이 재부유하는 경우도 없지 않으므로 높은 입자 농도가 반드시 열수 플룸을 지칭하는 것일 수는 없다. 입자 농도를 측정하는 방법은 단순하다. 해수의 탁도를 측정하는 것이다. 이는 해수에 녹아 있는 열수 성분을 측정하는 방법에 비해 간단하며 가장 쉬운 방법이기도 하다.

입자 농도 측정과 함께 가장 널리 쓰이는 방법은 산화환원전위 oxidation-reduction potential, ORP, 어떤 물질이 산화되거나 환원되려는 경향의 세기를 나타내는 것 측정이다. 산화 상태인 심해 저층 해수와 달리 열수는 환원성이라서 열수분출공 주변에서는 산화환원전위가 감소한다. 퇴적물 재부유로 인해 증가할 수 있는 입자 농도와 달리 산화환원전위 변화는 열수활동 외 다른 요인이 거의 없어, 열수활동 여부를 좀 더 확실하게 판단하는 방법이기도 하다. 그러나 온도와 마찬가지로 산화환원전위 역시 열수 플룸이 주변으로 확산하면서 희석되어 검출 범위가 좁아지는 특성이 있다. 이는 입자 농도도 마찬가지다. 열수의 확산에 따라 검출 가능한 범위는 입자 농도, 산화환원전위, 온도의 순서로 감소한다. 결국 이들을 함께 측정함으로써 열수 플룸을 추적하는 것이 일반적이다.

관측 센서를 이용한 심해 열수활동 추적은 탐사 방법에 따라 해상도가 달라진다. 수층을 대상으로 하는 관측 센서 운영은 CTD 정점

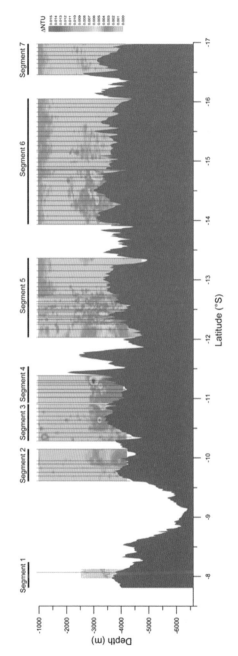

[그림 5] 중앙인도양 해령 탐사지역에서 CTD 정점조사를 통해 파악된 염수 플룸(부유입자 농도) 분포.
(그림출처: 한국해양과학기술원)

조사라는 방법이 가장 널리 이용된다. 이는 조사선이 특정 위치에 정지해서 해저면 바닥까지 케이블을 통해 센서를 내렸다 올리는 방법이다. 해저지형을 조사 화산활동이 집중되는 선형구조(확장축)가 확인되면 이를 따라 CTD 정점조사를 진행해 열수활동 유무를 파악할 수 있다. 처음 탐사를 수행할 때 조사 정점의 간격은 대략 10~15km 정도로 유지한다. 이보다 더 촘촘히 조사하면 좋겠지만 해상과 해저에서 손발을 맞춰야 하는 관계로 탐사 시간과 효율성을 고려하면 이 간격이 최선이다. 이러한 방법으로 큰 규모의 열수활동 분포를 파악할 수 있다.

후보지 선정 후 2단계 조사

관측 단계를 진행한 뒤에는 열수분출공이 실제 존재할 대상 지역을 좁혀나가야 한다. 이때도 관측 센서를 활용한다. 다만 그 조사 방법이 달라진다. 이 단계에서 주로 이용하는 방법은 CTD 토우요tow-yo라는 조사 방법이다. 앞서 소개한 CTD 정점조사가 조사선이 고정된 위치에서 진행된다면 CTD 토우요는 배가 움직이면서 진행된다. 정점조사에서 열수 플룸이 검출되었다면 그 위치를 중심으로 지형 조건에 따라 조사 측선을 정해서 조사선이 정해진 측선을 따라 이동한다. 이때 관측 센서를 투하해서 측선을 따라 장비를 견인하면서tow 자료를 얻어낸다. 토우요라는 이름이 붙은 것은 장비를 견인할 때 효율을 높이기 위해 플룸 분포 예상 수심 구간을 오르락내리락하면서 진행하기 때문이다. 마치 아이들이 갖고 노는 장난감 요요처럼 움직인다고 생각하면 된다. 이러한 방법으로 촘촘하게 관측하면 특정 구간 내에 상세한 열수 플룸 분포를 파악할 수 있다. 열수분출공에서 배출된 열수는 밀도 차이로 인해 상승하다가 밀도가 같아지면 주변으로 확산한다는 것은 앞서 설명했다. 상세한 플룸 분포를 통해 상승하는 플룸의 위치가 파악되면, 바로 그 근처에 열수분출공이 존재할 가능성이 크다고 볼 수 있다. 물론 상대적인 플룸의 세기 변화를 통해서도 열수분출공의 위치를 어느 정도 가늠할 수 있다.

　드디어 열수분출공을 눈으로 확인할 차례가 왔다. 열수분출공은 해저면까지 도달해서 관측할 수 있는 심해 카메라 예인 시스템을 통해 확인할 수도 있고, 유인 또는 무인잠수정 시스템을 통해 근접해 관측할 수도 있다. 카메라나 전송 기술이 발달하지 않았던 초기 심해 탐사에서는 주로 심해 유인잠수정을 이용했다. 앞서 말한 대로, 역사상 최초의 열수분출공 탐사는 1977년 미국의 유인잠수정 앨빈호가 이루어냈다. 하지만 영상, 통신, 전자, 기계 등의 기술적 발전에 따라 심해 탐사는 점차 무인잠수정이 주도하게 되었다. 지금은 심해무인잠수정에 장착된 카메라가 초고화질 영상을 실시간으로 조사선에 전송해 탐사에 참여하는 모든 연구자로 하여금 탐사 현장에 동참할 기회를 준다. 최대 3인이 탑승 가능한 심해유인잠수정이 해저로 내려간다면 모선에 있는 다른 연구자들은 그들이 어떤 탐사 결과를 가져올지 부푼 기대와 함께, 한편으로는 잠수정에 탑승한 동료가 안전하게 귀환

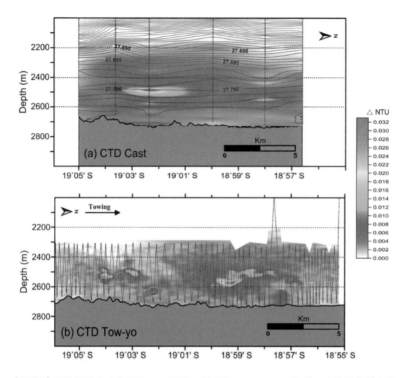

[그림 6] 동일 구간에서 수행된 CTD 정점조사(위)와 CTD tow-yo 탐사(아래)를 통한 열수 플룸 분포 비교(그림 출처: 한국해양과학기술원).

하기를 조마조마한 심정으로 기다릴 수밖에 없었다.

　우리 인류가 열수분출공을 처음 보게 된 그 순간을 한번 상상해보자. 해저화산활동에 의한 열이 바다로 전달되면서 금속광물이 거듭해 만들어지는 현장을 목격한다는 것은 그 자체만으로 감격의 순간일 것이다. 더욱이 이론적인 가설을 토대로 예측한 자연현상을 직접 목격하는 순간이 아닌가! 하지만 더 놀라운 발견은 그 누구도 예측하지 못한 광경이었을 것이다. 다름 아닌 열수분출공 주변에서 실제로 살아가는 다양한 생물체들이 그 주인공이다. 열수분출공은 마치 심해에 존재하는 생명의 섬과 같다. 열수분출공에서 배출하는 화학물질의 반응에서 발생하는 에너지를 근간으로 미생물과 각종 중대형 저서생물들이 군집을 이루는 열수 생태계는 그야말로 획기적인 발견이 아닐 수 없었다. 지구상 생명의 근원이라 여겨졌던 태양 에너지가 아니라 화학합성 에너지에 의해 형성된 생태계는 진화의 틀을 재해석해야 할 정도로 기존의 생명 기원과 차이를 보이는 중차대한 발견이다. 이것은 태양 에너지와 같은 외부 에너지원이 아닌 행성 자체의 에너지원에 의한 생명 존재의 가능성을 밝힌 것으로서, 지구 밖 행성에도 생명체가 존재할 수 있다는 가능성을 높여준 놀랍고도 충격적인 발견이었다.

온누리 열수지역 발견의 순간

지난 2009년 우리나라의 대양조사선 온누리호는 처음으로 인도양으로 향했다. 그동안 미답의 지역으로 남아 있던 중앙인도양 해령의 남위 8도에서 17도 구간의 해저지형 조사를 수행하면서 심해 열수분출공을 찾기 위한 여정을 시작했다. 이후 3년간 수행된 탐사를 통해 중앙인도양에서 활발한 열수활동을 탐지하고 이를 토대로 열수광상자원 탐사를 위한 공해상 탐사 광구를 확보했다.

그리고 탐사가 재개된 지 2년째인 2018년 여름, 비로소 본격적인

[사진 1] 2018년 이사부호 중앙인도양 해령 탐사에서 심해 카메라 관측을 통해 발견한 온누리 열수지역 사진. 열수활동에 의해 형성된 열수둔덕 위에 다양한 열수생물 군집이 형성되어 있다(사진 출처: 한국해양과학기술원).

대양 연구를 위해 새로 건조된 대형 조사선 이사부호에 승선한 연구원들이 선상 연구실의 대형모니터를 주시하고 있을 때였다. 지난밤에 심해로 내려간 카메라를 통해 전송된 영상은 이전과는 전혀 다른 해저면의 모습을 보여줬다. 끝없이 펼쳐진 듯한 암석들의 모양과 색깔이 조금 달라졌다 싶더니만 잇달아 얇은 판상의 덩어리들이 영상에 나타났다. 그 뒤에는 좀처럼 볼 수 없던 흰 패각들이 나타났고, 급기야 고둥, 홍합, 게, 가재붙이를 비롯한 열수생물들이 하나둘씩 보이다가 군집 형태가 나타났다. 마침내 인도양에서 현재 활동 중인 열수지역이 발견된 것이다. 눈을 비비며 보고 또 보았고, 연구원들의 탄성이 쏟아졌다. 한국해양과학기술원 연구원들이 인도양에서 찾은 열수지역은 온누리 열수지역으로 명명했다.

온누리 열수지역은 일반적인 열수분출공과는 몇 가지 다른 특징을 보여 주목받았다. 먼저 온누리 열수지역은 화산활동이 집중되는 중앙해령 확장축 인근이 아니라 주변에 솟아오른 지형의 정상부에 형성되었다는 점이다. 이 지형은 중앙해령에서 만들어진 현무암들이 밀려나 형성된 심해 둔덕과 달리, 오랜 기간 지속된 단층활동에 의해 해저면으로 올라온 하부 지각과 상부 맨틀로 이루어졌다. 그 결과 온누리 열수지역은 현무암 기반이 아닌 맨틀암 기반에서 만들어졌다. 맨틀암은 해양지각 하부의 맨틀을 구성하는 감람암을 의미한다. 중앙해령에서 만들어지는 현무암은 바로 이 맨틀암이 녹아서 만들어진 마그마가 분출한 것이다. 그렇다면 이들은 결국 똑같은 것 아닌가 생각할 수도 있지만, 그렇지 않다. 마그마가 만들어질 때 맨틀이 모두 녹지 않기 때문이다. 부분용융이라고 불리는 과정을 통해 상대적으로 녹는점이 낮은 성분들이 먼저 녹아서 마그마가 만들어지기 때문에 기원암변성작용을 받기 전의 암석과 마그마의 조성은 같지 않다.

맨틀암은 대개 현무암보다 마그네슘과 철의 함량이 높다. 암석에 마그네슘과 철의 함량이 높을 때 조성이 염기성mafic = magnesium + ferric 이라고 말한다. 맨틀암은 흔히 초염기성암ultramafic rock 이라 부르는데, 이는 결국 마그네슘과 철의 함량이 매우 높다는 의미다. 암석을 구성하는 광물 중 마그네슘과 철이 높은 것은 감람석olivine이다. 맨틀암이 주로 감람석으로 이루어진 것은 이런 이유에서다. 감람석이 변질되면 사문석으로 바뀌게 되고, 이 과정에서 수소와 메탄이 발생한다. 따라서 맨틀암 기반의 열수분출공에서는 수소와 메탄의 함량이 높은 것이 특징이다. 온누리 열수지역도 바로 그러했다.

그렇다면 중앙해령 확장축에서 멀리 떨어진 온누리 열수지역까지는 열이 어떻게 전달되었을까? 일단 지각 하부에 발달한 지질 구조를 따라 마그마의 열이 전달되었을 수도 있다. 또는 깊은 곳에서 솟아오른 맨틀의 열이 채 식지 않아 일정 정도 보존되어 있을 가능성도 있다. 앞서 언급한 사문석이 만들어지는 화학반응은 일종의 발열반응이라서 이 과정 자체로도 열이 발생한다. 과연 어떤 열이 더 중요하게 작용했을지 아직까지 확실하게 밝히지는 못했다. 다만 마그마 열에 의한 일반적인 열수분출공과는 구별되는 특징인 점은 짐작할 수 있다.

온누리 열수지역이 지닌 이러한 특징들이 분출공의 형성 과정에, 또는 그곳에 살고 있는 열수생물이나 생태계에는 어떤 영향을 주고 있을까? 이 역시 과학적으로 풀어야 할 숙제다. 우리가 인도양에서 새롭게 찾은 온누리 열수지역은 이처럼 다양한 가치와 무한한 가능성을 지니고 있다. 하지만 이는 시작에 지나지 않는다. 그동안 진행된 연구의 결과들은 중앙인도양 해령 탐사지역에 더 많은 열수활동이 있을 것을 시사하기 때문이다. 중앙인도양 해령과 같은 느린 확장 해령에서는 다양한 유형의 열수분출공이 존재할 수 있다. 앞으로 우리 해양과학자들에게 더 많은 학문적 성과가 기대되는 이유다.

지구 내부에서 흘러나온 물질과 에너지가 바다와 만남으로써 만들어진 거대한 자연실험실인 심해 열수분출공은 바다가 없는 태양계의 다른 행성에서는 찾을 수 없는, 그야말로 지구에만 존재하는 장소이기도 하다. 지구의 암권, 수권, 대기권, 그리고 그 안에서 살아가는 생물권까지 어쩌면 심해 열수분출공은 이러한 신비로운 지구 시스템을 작동시킨 연결고리일 수도 있다. 우리 역시 그 의미와 가치를 찾기 위한 여정에 올랐다. 이제 우리는 이 도도한 여정에 동참하고자 하는 미래의 해양과학자들을 초대한다.

열수역 탐사 필수 장비
'잠수정' 개발 이야기

민원기, 김동성

심해역은 빛이 전혀 도달할 수 없는 영역으로 수심 200m 이상의 깊은 바다다. 이 심해역은 전체 지구 표면의 약 65%를 차지할 정도로 광대하다. 그러나 높은 압력과 낮은 수온, 암흑 등 심해 환경의 접근 제한성으로 본격적인 심해 조사는 심해용 영상 장비나 심해유·무인 잠수정 기술이 개발된 20세기 후반에 이르러서야 이루어졌다. 수상 선박에서 탑재한 기기를 내려 심해의 환경을 측정하고 어구를 활용해 생물을 채집하는 간접적인 방법의 심해 탐사는 17세기부터 시작되었다. 1768~1779년 영국의 탐험가 제임스 쿡James Cook에 의한 세 번의 태평양 탐사, 1831~1836년 생물학자 찰스 다윈Charles Darwin의 비글Beagle호 탐사, 1872~1876년 영국의 2,300톤 기범선인 전함 챌린저Challenger호에 의한 대양 탐사, 1925~1927년 독일 해군의 미테오르

Meteor호의 남대서양을 가로지르는 종합 해양 조사가 그 대표적인 사례다.

그러나 첨단 심해잠수정을 이용해 심해저에 근접 관찰을 시도한 중요한 시발점은 미국의 오티스 바턴Otis Barton과 윌리엄 비브William Beebe가 개발해 1934년에 최초로 800m 이상의 심해 잠수에 성공한 구球형태의 배씨스피어Bathysphere호다. 바턴은 이후 좀 더 개량된 벤토스코프Benthoscope호를 타고 1949년 1,372m 잠수에 성공했다. 같은 시대에 오귀스트 피카르Auguste Piccard는 프랑스와 벨기에로부터 지원받아 제작한 잠수정인 'FNRS' 시리즈를 통해 수심 4,050m까지 잠수한 바 있고, 또 그의 아들이 제작하고 미 해군이 매입 후 개조한 잠수정인 트리에스테Trieste호는 1960년에 사람 둘을 태우고 세계에서 가장 깊은 마리아나 해구의 챌린저 해연Challenger Deep, 수심 1만 850m에 도달하는 데 성공하기도 했다.

전쟁으로부터 시작된 잠수함 개발 경쟁

제2차 세계대전 이후 전자공학과 음향학의 발달, 새로운 금속의 등장에 힘입어 심해용 카메라나 CCDCharge Coupled Device, 전하결합소자: 빛을 전하로 변환시켜 화상을 얻어내는 센서 카메라가 장착된 심해유인잠수정이 적극 활용되었다. 이로써 미국, 러시아, 프랑스, 일본 등 잠수정 개발국들은 한층 우수한 성능을 갖춘 심해잠수정을 건조할 수 있게 되었다.

1974년에는 미국 우즈홀해양연구소의 앨빈호와 프랑스 국립해양개발연구소Institut Français de Recherche pour l'Exploitation de la Mer, IFREMER의 아르키메데스Archimedes호, 시아나호가 투입되어 대서양 중앙해령에서 페이머스FAMOUS, French-American Mid-Ocean Undersea Study 프로젝트를 수행했다. 이를 통해 심해저 확장설을 확인하는 학술적 성과를 올렸다. 앨빈호는 4,000m급의 잠수정으로, 1977년 동태평양의 열수지역에서 최초의 열수생물 군집을 발견했고, 1985년에는 침몰 여객선 타이타닉호를 북극해에서 찾아내는 등 많은 활약을 펼쳤다(사진1-①). 이외에도 현재 활동 중인 6,000m급 이상의 심해유인잠수정은 일본의 신카이6500호, 미국의 씨클리프Sea Cliff호와 프랑스의 노틸Nautile호, 러시아의 미르Mir호 등이 대표적이다.

한편, 중국은 후발주자지만 21세기에 들어 심해유·무인잠수정 개발에 집중한 결과 2009년에는 중국과학부 및 국가해양국에서 심해과학조사용 유인잠수정 사상 최대 잠항 수심인 7,000m급의 잠수정 자오룽호를 제작했다. 이 잠수함으로 2012년에 7,062m 심해 탐사에 성공함으로써 중국은 전 세계 해양의 99.8%를 탐사할 수 있는 능력을 갖추게 되었다. 한편 2012년 3월에 저명한 영화감독인 제임스 캐머런James Cameron에 의해 주도된 심해 다큐멘터리 프로젝트의 일환으로 1만 1,000m 이하의 잠수가 가능한 1인 유인잠수정 딥씨 챌린저 Deepsea Challenger호가 개발되었다. 당시 캐머런 감독은 세계에서 가장 깊은 바다인 마리아나 챌린저 해연의 가장 깊은 수심까지 도달해서 약간의 샘플과 함께 돈으로 환산할 수 없는 신비로운 해저 영상을 얻는 데 성공했다.

심해 연구 장비로는 앞서 언급한 유인잠수정 외에도 장시간 조사나 위험도가 높은 탐험에 광범위하게 사용되는 무인잠수정인 ROVremotely operated vehicle: 원격무인잠수정가 있다. 최초의 무인잠수정은 1953년 프랑스의 드미트리 레비코프Dimitri Rebikoff가 제작했다. 이 잠수정은 연구선과 케이블로 연결된 무인잠수정 푸들Poodle호였는데, 미국은 이 잠수정을 이용해 1966년 비행기 사고로 해저에 분실된 수소폭탄을 회수하고, 1968년 침몰한 구소련 잠수함을 찾아 인양하기도 했다. 이후 심해 탐사 장비와 잠수정 기술이 급속도로 발달했으며, 1970년대 말부터는 각국의 해저유전 개발 경쟁의 붐을 타고 해저 작업을 위한 상업용 무인잠수정 개발이 가속화되었다.

1980년대 들어서는 컴퓨터 기술 발전에 힘입어 미국을 비롯한 프랑스, 영국, 캐나다, 일본, 러시아, 노르웨이, 스웨덴, 이탈리아, 독일, 호주, 중국 등이 무인잠수정 개발에 착수했다. 1990년대에는 수심 6,000m 이상의 심해를 탐사하는 다양한 형태의 최첨단 무인잠수정이 속속 개발되어 현장에 투입되었다. 미국 우즈홀해양연구소는 1990년대 초 수심 6,000m 깊이의 해저를 탐사할 수 있는 심해 탐사용 무인잠수정인 제이슨JASON호와 메데아MEDEA호를 개발했으며, 2002년에는 6,500m급으로 기능을 고도화한 제이슨 II호를 개발해 지금까지 심해 탐사에 이용하고 있다.

이후 1997년에는 프랑스 국립해양개발연구소가 수심 6,000m를 탐사할 수 있는 무인잠수정 빅토르Victor 6000호를, 일본해양연구개발

[사진 1] ① 미국의 유인잠수정 앨빈호의 50주년 기념 전시 모습 ② 우리나라의 대표적인 무인잠수정 해미래호의 2015년 동해 심해 탐사 모습 ③ 캐나다의 무인잠수정 로포스호로 2021년 인도양 열수 탐사를 준비하고 있는 한국해양과학기술원 연구팀 모습.

기구Japan Agency for Marine-Earth Science and Technology, JAMSTEC는 마리아나 해구를 조사할 목적으로 수심 1만 1,000m 해저를 탐사할 수 있는 심해무인잠수정 카이코호를 개발한 바 있다. 캐나다에는 수심 5,000m를 탐사할 수 있는 해양과학 조사용 무인잠수정 로포스호를 운영하고 있다. 중국 역시 2013년 4,500m에서 탐사에 성공한 ROV 해마海馬호를 개발해 현장 연구 작업에 투입했다.

이처럼 심해 조사를 하기 위해 특수 장비를 개발하고 실제로 사용하는 데는 우주 탐사에 버금가는 비용이 소요되기 때문에, 국가적 차원의 개발 의지와 적극적인 투자가 필요하다. 우리나라에서는 한국해양과학기술원의 선박해양플랜트연구소에서 해양수산부의 지원을 받아 2001년 5월부터 6년간 개발사업을 수행했으며, 그 결과로 6,000m급 심해 무인잠수정 해미래호와 해누비호 중계기를 개발한 바 있다(사진 1-②).

심연을 탐험하려는 인류의 도전

전 세계적으로 이렇게 많은 심해 탐사 장비들이 개발되어 활용되고 있는데도 광활한 심해역은 여전히 미지의 영역으로 남아 있다. 최근 들어 심해저의 생물자원 및 광물자원에 대한 관심이 전 세계적으로 급격히 늘어나면서 해양생명자원을 선점하기 위한 심해 탐사에 국가적 경쟁이 치열해지고 있다.

삼면이 바다로 둘러싸인 우리나라의 경우, 가장 큰 바다인 동해는 평균 수심 약 1,684m, 최대 수심 4,049m로, 남부 해역을 제외한 중북부 대부분 해역이 수심 200m 이하인 심해로 구성되어 있다. 이처럼 전체 면적의 약 90%가 심해인데도, 동해 심해에 관한 연구는 지금까지 CTD, 심해 계류장비 등의 물리 관측장비 설치에 의한 해양 물리 관측연구, 박스코어러box corer나 수산용 어구를 활용한 심해생물 채집 등의 제한적인 심해생물 연구가 주를 이루었을 뿐, 해저면의 직접적인 접근에 의한 영상 관측 등의 심해 연구는 거의 보고된 바 없다. 극히 드문 예지만, 2003년 울릉도 근해의 수심 400m 내외에서 침몰선인 돈스코이호 탐색 작업을 위해 1인 유인잠수정이 해저면 관측을 한 사례가 있기는 하다. 하지만 2006년 ROV 해미래호가 개발된 이후 동해에서 몇 차례 테스트 탐사가 진행되었고, 2009년 6월과 11월에는 포항 동쪽 70km의 해저 메탄가스 분출지역에서의 탐사를 통해 해저 영상을 얻기도 했다. 이후 조사가 몇 차례 더 수행되었지만 대부분 단편적인 잠수 조사와 샘플 수집에 그쳤고, 동해 심해를 대상으로 본격적으로 해양학적 관점에서 종합적인 장기간의 탐사는 이루어지지 못했다. 해미래와 같은 대형 ROV는 실제 활용 시 안정적이고 다양한 종류의 작업이 가능하지만, 대형 선박과 잠수정 임차비 등 고비용과 다수의 전문 지원 인력을 필요로 하기 때문에 소규모의 심해 연구에 활용하기는 쉽지 않다. 이에 비해 크기가 작은 중소형 ROV는 대형 ROV에 비해 비용이 상대적으로 저렴하고, 작은 선박과 적은 인력으로도 운용 가능하다는 장점이 있어서 21세기 전후에 걸쳐 전 세계의 연구기관 및 대학, 기업체에서는 다양한 종류의 중소형 무인잠수정을 개발해 상용화하고 있다. 우리나라의 경우 몇몇 대학과 연구소에서 개발은 했으나, 아직까지 실제 탐사에는 활발히 활용되지 않고 있는 실정이다.

해양강국이 되기 위한 우리의 도전

이런 가운데 최근 우리나라는 처음으로 인도양 해역에서 열수 분출 지역을 여러 곳 발견했다. 이때 사용한 장비는 캐나다가 개발한 무인잠수정인 로포스다(사진 1-③). 우리나라를 포함한 세계 여러 나라의 장비를 빌려 심해 탐사에 사용한 경험에 따르면, 탐사의 성공 여부와 비용 대비 성과 등의 효율은 탐사에 투입되는 잠수정의 성능이 좌우한다. 해양국가로서의 자부심은 그냥 생기지 않는다. 그 나라의 해양 과학 기술력을 상징적으로 보여줄 수 있는 장비 중 하나가 심해잠수정이다. 우주 탐사와 마찬가지로 장비의 도움 없이는 도달할 수 없는 곳이 심해다.

국토는 좁지만 우리나라는 삼면이 바다다. 특히 동해는 미지의 심해가 존재하는 우리 바다다. 하지만 아직까지 고성능 해양 탐사용 ROV나 유인잠수정을 갖추지 못해 실질적인 조사가 거의 이루어지지 못하고 있다. 동해 심해에 무엇이 어떻게 존재하는지 우리 바다조차 제대로 알지 못하는 안타까운 현실이다. 심해잠수정에 의한 시각

적이고 정밀한 조사 자료는 곧 해양환경을 과학적으로 해석하고 분석하는 데 중요한 정보를 제공할 수 있다. 지금처럼 외국의 성능 좋은 ROV를 빌려 쓰는 방법에만 의존한다면 우리는 영영 기술 종속국으로 전락할 것이다. 실제 심해 탐사 과정에서 임차한 외국 ROV가 고장 나거나 운영 장애가 발생하면 장비를 수리할 동안 심해 탐사는 멈출 수밖에 없다. 그 나라 기술자가 와서 수리할 때까지 우리 과학자들은 손을 놓아야 하는 것이다. 만약 우리나라의 발전된 IT information technology: 정보기술를 활용해 첨단 잠수정 장비를 스스로 개발해서 운용한다면, 외국 기술자가 올 때까지 허비되는 시간을 줄일 수 있고 각종 비용 또한 아낄 수 있다. 무엇보다 더 신속하게 심해 탐사를 이어갈 수 있다. 그러므로 우리 기술로 심해 탐사 장비를 서둘러 개발해야 하겠다. 이와 더불어 해양과학 인프라 개선을 통해 가시적인 성과를 얻을 날이 곧 올 것이라고 기대한다.

깊은 바닷속 무엇이
물을 뜨겁게 만들었을까

박정우, 최사랑

산업혁명으로 시작된 과학기술의 발달은 20세기 초에 해양지질 분야에도 비약적인 성장을 가져왔다. 수심을 정확히 측정할 수 있는 음파측심기가 발명되면서 해저 분지의 형태를 명확히 파악할 수 있게 되었고, 바다 밑 해저에도 육상과 마찬가지로 산맥과 계곡이 발달하거나 넓은 평원이 있다는 사실이 확인되었다. 20세기 중반까지 해양지질학자들이 품고 있던 중요한 질문 중 하나가 바로 심해저 열수계의 존재에 관한 것이었다. 당시만 하더라도 많은 학자가 태평양이나 대서양과 같은 큰 해저 분지의 수심이 깊은 곳을 퇴적물만 가득 쌓인 사막과 같은 환경이라고 여겼다.

하지만 심해저에 관한 새로운 연구 성과가 축적되면서 과학자들은 심해저에 열수계가 존재한다는 확신이 점점 커졌다. 특히 심해저 퇴적물에 관한 연구 결과, 중앙해령을 중심으로 철과 망간이 풍부한 퇴적물이 쌓이고 거리가 멀어질수록 그 함량이 점차 감소한다는 사실을 주시했다. 이 같은 사실을 중앙해령에서는 철과 망간이 어떤 과정을 통해 주변 지역에 공급된다는 것으로 인식한 학자들은 이를 철과 망간이 열수를 통해 주변에 공급된 것으로 설명하기 시작했다. 그뿐만 아니라, 해저 분지의 열유량heat flux: 단위 시간당 단위면적을 통해 이동한 열에너지의 양을 측정한 결과를 토대로 중앙해령 부근에서 측정된 열유량이 지구 내부에서 발생한 열전도에 의해 빠져나갈 때 예상되는 열류량에 비해 현저하게 낮다는 사실을 밝혀냈다. 이것은 중앙해령 부근에서 대류 형태로 빠져나가는 열에너지가 존재한다는 것이고, 이는 곧 열수 분출에 의한 열에너지의 이동을 간접적으로 시사한 것이다.

20세기의 위대한 발견, 열수 생태계

1977년 갈라파고스섬 주변의 중앙해령을 탐사하던 미국 해양지질학자들은 지금껏 보지 못한 기이한 광경을 목격했다. 그들이 목격한 것은 심해저 현무암 지대에 형성된 균열대를 통해 300℃ 이상의 뜨거운 물이 뿜어져 나오는 열수분출공이었고, 그 주변에는 육상에서 볼 수 없는 대합, 게, 새우, 관벌레 등 독특하게 형성된 생물 군집이었다(사진 1). 바야흐로 인류 최초로 심해저 열수계를 발견한 순간이었다. 이는 심해저를 사막과 같이 생물이 살아가기 척박한 세계로 간주해

[사진 1] 북피지 분지의 심해저 열수 생태계(한국해양과학기술원). 갈라파고스 열수 생태계와 유사하게 열수 환경에서만 서식하는 새우, 게, 고둥 등의 생물 군집이 열수가 뿜어져 나오는 열수공 근처에 조성되어 있다.

온 사람들의 막연한 생각을 뒤집는 획기적인 발견이었을 뿐 아니라, 이후 과학의 많은 분야에서 진보를 이루는 기반이 되었다.

1977년 갈라파고스 열수계 발견 이후 북아메리카 및 유럽의 해양과학 선진국을 중심으로 많은 연구자들이 해양 탐사에 나섰고, 현재는 전 지구적으로 300개 이상의 열수계가 발견되어 탐사가 활발히 진행되고 있다. 우리나라는 해양과학기술원을 주축으로 다수의 대학 연구진들이 동참해 남서태평양 및 인도양을 중심으로 탐사에 나서 새로운 열수계를 찾는 데 성공했다. 그중 하나가 우리나라가 독자적으로 발견한 인도양의 온누리 열수계다.

심해저 열수계는 원시 지구의 생명체가 생명 유지에 필요한 에너지를 얻는 과정을 이해할 수 있는 창(심민섭 섹션 인용)이 되어주고, 산업

발전에 근간이 되는 금속광물자원을 얻을 수 있는 잠재적 가치까지 갖고 있어 많은 과학자의 연구 대상이 되고 있다. 이러한 과학적 중요성은 모두 심해저에서 분출하는 열수의 물리화학적 특성에서 기인한다. 뜨겁고 산성도pH가 낮으며 환원성인 열수가, 차갑고 산성도가 높으며 산화성인 해수와 만나면서 형성되는 불균형이 해소되는 과정에서 미생물들은 에너지를 얻고, 금속광물은 침전되는 것이다. 그렇다면 열수는 어떤 과정을 통해 형성될까?

열수는 어떻게 형성되는가

심해저 열수계가 형성되려면 무엇보다 해수를 뜨겁게 달구고 위아래로 열기를 전달할 수 있는 열원이 필요하고, 그 해수가 지각에서 원활하게 이동할 수 있는 균열이나 단층대와 같은 통로가 필요하다 (그림 1). 지구상에서 심해저 열수계가 가장 빈번하게 발견되는 중앙해령은 열수계를 형성하는 데 필수적인 이 두 가지 지질학적 조건이 잘 충족된 지역이다.

중앙해령은 판구조론에서 말하는 두 해양판이 서로 반대 방향으로 움직이며 정단층과 함께 새로운 해양지각이 형성되는 곳이다. 또한 판의 확장과 맨틀의 상승 작용으로 마그마가 형성되어 지각의 약 1~2km 깊이에 뜨거운 마그마방이 존재하는 곳이기도 하다.

이러한 지질학적 특성 때문에 중앙해령 지역은 해수가 해저면에 생

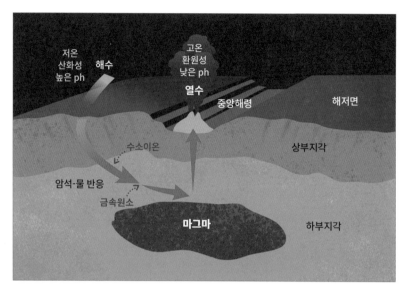

[그림 1] 열수의 형성 과정 모식도. 저온의 약알칼리성, 산화성 해수가 균열대 및 단층을 통로로 이용하여 지각 심부의 마그마방에 가깝게 이동하면서 주변의 암석과 반응하는 과정에서 고온의 산성, 환원성 열수로 변화한다.

성된 균열이나 단층면을 따라 지각 심부까지 원활하게 공급될 수 있다. 지각으로 침투한 해수는 뜨거운 마그마방에 점차 가까워지면서 온도가 상승해 열수로 변한다. 열수는 심부 지각을 형성하는 암석들과 반응하며 물질교환을 하는데, 산화성의 해수가 상대적으로 환원성인 암석과 반응하면서 환원성 열수로 변하고, 고온에서 안정적인 함수광물을 형성하는 과정에서 수소이온이 발생하며 열수의 산성도를 강하게 만든다.

이 과정에서 산성도가 높은 열수는 암석에서 구리, 니켈, 철, 아연, 납 등이 풍부한 황화물을 효율적으로 녹인다. 이러한 황화물의 용해는 열수의 금속원소 농도를 높일 뿐만 아니라 열수를 더욱 환원성으로 만드는 데 일조한다. 이렇게 형성된 '금속이 풍부한 산성의 환원성 열수'는 온도가 계속 상승하면서 밀도가 점차 낮아지고, 그에 따라 상승해서 마침내 해저면으로 분출하는 것이다.

분출한 열수는 물리화학적인 조건이 서로 다른 해수와 만나면서 금속이온들의 용해도가 급격히 감소한다. 이 과정에서 금속 수산화물 또는 황화물이 침전해 블랙 스모커와 같은 열수분출공을 형성한다. 놀라운 것은 바로 이 열수분출공 주변에는 열수와 해수의 물리화학적인 조건의 차이를 이용해 에너지를 얻으려는 미생물과 이 미생물을 먹이로 삼거나 공생하는 상위 생물이 서식하며 열수 생태계를 형성한다는 점이다.

궁극적으로 열수가 해수와 암석의 반응으로 형성되기 때문에 열수의 특성은 반응하는 암석의 종류와 조건에 많은 영향을 받는다. 중앙해령 지역에서 관찰할 수 있는 암석은 크게 두 종류로 나눌 수 있다. 하나는 맨틀에서 형성된 마그마가 해저면에 분출하거나 지각 내에서 식으면서 형성된 현무암질 암석(염기성암)이고, 다른 하나는 맨틀의 암석이 단층면을 따라 지표에 노출된 감람암질 암석(초염기성암)이다 (사진 2).

일반적으로 동태평양 해령처럼 빠른 확장축에서는 정단층이 어긋나 있는 정도가 크지 않지 않은 데 반해 마그마의 분출이 활발해서 현무암질 암석을 기반암으로 하는 열수계가 대부분이지만, 대서양 및 인도양의 느린 확장축에서는 마그마의 분출이 적고 정단층의 어긋나 있는 정도가 커서 맨틀 감람암이 지각의 상부까지 융기되어 열수를

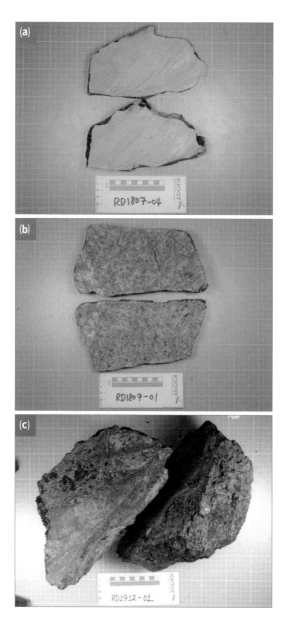

[사진 2] 온누리 열수계의 기반암들.

(a) 열수와 반응으로 변질된 현무암질 암맥 (b) 변질된 반려암 (c) 사문석으로 변화된 감람암.

만드는 데 많은 영향을 준다.

　맨틀 감람암을 주요 기반암으로 하는 열수계의 경우에는 암석-물 반응을 통해 맨틀 감람암에 다량 함유된 감람석이 붕괴하면서 사문석이 형성되는데, 이 과정에서 다량의 수소H_2와 메탄CH_4이 열수에 공급되면서 열수를 더욱 환원성으로 만들고 메탄을 이용해 에너지를 얻으려는 미생물이 군집을 형성하게 된다.

온누리 열수계의 특징

　한국해양과학기술원과 국내 여러 대학교의 연구자로 구성된 우리나라의 심해 탐사 연구진은 2020년에 인도양의 온누리 열수계에 대한 탐사 결과를 학계에 보고했다. 온누리 열수계는 상대적으로 저온인 열수가 넓게 확산하면서 분출하는 확산 열수공diffuse vent으로, 고온의 열수계에서 관찰되는 다량의 금속 황화물 및 산화물의 침전에 의한 침니의 형성은 관찰되지 않지만, 독특한 종의 심해홍합이 서식하는 등 기존에 알려진 인도양의 다른 열수 생태계와 상이한 특성을 보인다(사진 3).

　현재까지 수행한 연구의 결과에 따르면, 이 같은 독특한 열수 생태계의 형성은 온누리 열수계가 갖고 있는 독특한 기반암의 특성과 열수의 형성 과정에서 기인했을 가능성이 크다는 것을 시사한다. 온누리 열수계는 현무암질 암석을 기반암으로 하는 다른 중앙인도양 해

[사진 3] 온누리 열수계의 생물 군집. 저온의 확산형 열수분출공을 중심으로 홍합, 고둥 등의 열수생물들이 서식하고 있다.

령의 열수계와는 달리 하부지각 반려암과 맨틀 감람석을 기반암으로 하고 있어 다른 열수계와 비교해 수소 및 메탄의 형성이 쉬웠을 것으로 추측된다. 또 분출되는 열수의 온도가 낮은 것은 고온의 열수가 해저면에서 분출하기 전에 이미 지각에서 해수와 상당히 혼합되었음을 시사한다. 이 과정에서 금속원소들의 침전이 이루어지고 열수의 특성도 변화했을 가능성을 엿볼 수 있다. 이러한 열수의 특성 차이가 온누리 열수계의 독특한 생물 군집을 형성하는 데 영향을 미쳤을 것으로 판단되는데, 이는 향후 더욱더 자세한 원인 규명과 관련된 연구 결과가 기대되는 이유이기도 하다.

생명이
바다에서 시작되었다면
어떤 방식이었을까

심민섭

우리 인류가 답을 찾고자 가장 오랫동안 노력한 질문 중 하나는 생명의 기원에 대한 물음일 것이다. 물론 그 뿌리에 대한 원초적인 의문을 풀어줄 모범 답안은 아직까지 요원하지만, 각별한 호기심과 끊임없는 과학자들의 연구 끝에 최근 들어 초기 생명 진화에 대한 청사진이 조금씩 가시화되고 있는데, 여기에 열수 환경에 관한 연구 또한 적지 않게 기여했다.

생명의 기원에 관한 과학적인 접근으로 가장 널리 알려진 사례는 1950년대 미국 시카고 대학교에서 있었던 스탠리 밀러Stanley Miller와 해럴드 유리Harold Urey의 실험이다(사진 1). 지금은 중고등학교 교과서에도 소개되고 있는 이 실험에서, 밀러와 유리는 원시 지구의 대기를 모사한 환경에 반복적으로 가한 전기충격만으로 아미노산, 지질, 탄

[사진 1] 원시 지구를 모사한 화학반응을 통해 단순한 무기 분자에서 생명활동의 기본이 되는 분자들이 형성될 수 있음을 보인 스탠리 밀러 박사와 그의 실험 장치.
(출처: 위키미디어 커먼스)

수화물 같은 유기분자가 만들어질 수 있다는 사실을 밝혀냈다. 생명체를 구성하는 기본 단위인 물질의 지구화학적 기원을 제시한 이 실험은 초기 생명 진화 연구의 기본적인 토대가 되었지만, 동시에 몇 가지 풀어야 할 숙제도 남겼다. 원시 대기 조성, 고분자 화합물의 형성 조건 등이 그 대표적인 것이다. 시각을 조금 달리해서 보면, 생명은 단순한 유기물의 조합을 넘어 대사작용을 통해 물질과 에너지의 순환을 끊임없이 만들어내는 주체다. 따라서 생명의 기원을 이해하려면 우리는 밀러와 유리의 실험에 덧붙여 생명활동을 위한 에너지의 근원에 관한 해답도 찾아야 한다.

이가 없으면 잇몸, 태양이 없어도 사는 생물들

최초 생명의 후손인 지금의 생명체들은 과연 어디서 에너지를 얻었을까? 그 해답은 태양에 있다. 광합성 식물은 빛 에너지를 직접 이용해서 잉여 에너지를 유기물에 저장하고, 인간과 같이 스스로 태양 에너지를 이용하지 못하는 생명체들은 광합성 식물이 저장한 화학 에너지를 산소 호흡을 통해 활용한다. 하지만 모든 생명활동이 태양광과 산소에 기반하고 있는 것은 아니다. 산소가 존재하지 않는 환경에서는 광합성 과정에서 유기물에 저장된 화학 에너지를 질산이온이나 황산이온 같은, 산소가 아닌 물질과의 산화반응을 바탕으로 살아가는 혐기성_{산소가 없는 조건에서 생육하는 성질} 미생물이 존재한다. 이것보다 좀 더 극한 환경에서는 태양이 아닌 지구가 만들어내는 에너지를 이용해 살아가는 생명체도 존재한다.

인류의 문명을 지탱하는 에너지 자원은 크게 태양광, 풍력, 화석연료 등 태양에 기원을 두고 있는 자원과 원자력이나 지열과 같이 방사성 원소 붕괴로 인한 지구 내부의 에너지를 이용하는 자원으로 나눌 수 있다. 이와 유사하게 태양이 아닌 지구 내부 에너지 기반의 생태계도 존재한다. 예를 들어, 방사성 원소가 붕괴할 때 방출되는 에너지로 주변 물 분자의 일부가 과산화수소 등의 산화된 물질과 수소처럼 환원된 분자로 나뉘게 되고, 이로 인한 열역학적 불균형에서 에너지를 확보함으로써 유기물을 생성하는 미생물이 21세기에 들어 수 킬로미터 지하 깊은 곳에서도 존재한다는 사실이 보고되었다. 생명현상이

[그림 1] 차가운 해수와 지구 내부의 뜨겁고 환원된 환경 사이의 대비가 뚜렷한 심해 열수공은
원시생명의 요람으로서 유리한 조건을 갖추고 있어 최근 많은 연구자의 주목을 받고 있다.

유지되는 원리가 육지의 지하 깊은 곳에 존재하는 생태계와는 조금
다르지만, 태양 에너지에 의존하지 않는 생태계가 유지될 수 있는 또
다른 장소이자 원시생명의 요람으로 주목받는 곳이 바로 심해 열수분
출공이다.

　심해 환경은 일반적으로 광합성을 통해 만들어지는 유기물의 공급
이 부족해 생명활동이 미약한 지역으로 알려져왔다. 그런데 일부 심
해 환경에서 많은 수의 심해생물들이 빽빽이 들어찬 모습이 발견되곤
한다. 이렇게 생산성이 높은 지역은 대체로 열수 환경과 관련성이 깊
다. 심해의 열수 환경은 뜨겁고 환원된 지구 내부 환경과 차갑고 산화
된 지표 환경이 맞닿아 있는 곳으로, 열역학적 불균형이 극명하게 드

러나는 지역이다(그림 1).

여기서 서식하는 열수 환경의 미생물은 이러한 불균형을 해소하면서 생장에 필요한 에너지를 얻는다. 예를 들어, 지하 깊은 곳에 위치하며 뜨겁고 산소가 부족한 환경에서 만들어진 광물 중 일부는 지표와 가까운 환경으로 상승하면 물과 반응해 수소를 발생시킬 수 있다. 그런데 불이 붙기 쉬운 수소의 성질에서도 알 수 있듯이 미생물이 수소를 산소나 다른 산화물질과 반응시켜 손쉽게 에너지를 얻을 수 있다. 열수 환경의 미생물은 태양 에너지 없이도 주변의 이산화탄소를 유기물로 변환할 수 있고, 미생물을 에너지원으로 하는 갑각류나 연체동물 같은 독특한 열수 환경의 생태계가 유지되도록 해준다.

지구 최초의 생명을 추측하다

분명 지구 최초의 생명은 빛 에너지를 이용하기 위한 복잡한 분자 장치를 갖추지는 못했을 것이고, 열수공과 같이 지구화학적 과정을 통해 제공되는 에너지를 이용했을 가능성이 크다. 현재까지 보고된 초기 생명의 기록 중 적지 않은 수가 열수 환경의 영향을 받은 암석이라는 점 또한 열수공과 원시생명의 관련성을 지지해준다. 다만, 현재의 심해 열수 환경은 태양 에너지의 영향을 전혀 받지 않았다고 보기 어렵다. 왜냐하면 환원된 열수 기원의 물질을 산화하는 데 가장 손쉽게 이용되는 해수 내 용존 산소가 광합성 생물의 대사산물이기 때문이다. 물을 분해해 산소를 만드는 남조류가 등장하기 전까지는 원시 해양의 산소 농도가 매우 낮았을 것이고, 아마도 최초의 생명체는 수소를 산화시키기 위해 이산화탄소와 같이 지질학적 과정을 통해 공급받을 수 있는 물질을 이용했을 것이다.

열수공은 생명활동에 필요한 에너지의 기원을 설명할 수 있다는 점 외에도 최초 생명의 요람으로서 몇 가지 장점을 지닌다. 앞서 언급한 밀러와 유리의 실험이 주는 의미에 관해 많은 과학자들이 고민한 것 중 하나가 번개와 원시 대기 사이의 반응을 통해 기본적인 유기분자가 형성되고 비를 통해 지표 환경에 공급된다고 하더라도 방대한 해양에 희석된 이들 물질의 농도는 매우 낮았을 수밖에 없었다는 점이다. 그럴 경우 다음 단계인 단백질이나 핵산과 같은 고분자 유기화합물 형성을 위한 중합 반응도 쉽게 일어나지 않았을 것이다. 열수공의 단면을 살펴보면 매끈한 구조가 아닌 열수와 함께 공급된 다양한 물질이 침전되어 형성된 다공성 격벽구조임을 확인할 수 있다(그림 1). 이 복잡한 미세구조는 열수 환경에서 일어난 화학반응의 결과물이 해수에 확산되지 않고 열수공 환경에 높은 농도로 축적되도록 해서 고분자 화합물 형성에 유리한 환경을 제공할 수 있게 되어 있다.

물론 자유로운 확산을 저해하는 복잡한 구조를 갖추고 있다고 하더라도, 생명에 요구되는 기본적인 유기분자가 생성될 수 없다면 열수 환경은 '생명의 요람' 후보가 될 자격이 부족했을 것이다. 열수 환경에서 밀러와 유리의 실험처럼 번개를 기대하기는 쉽지 않지만, 열수공을 형성하는 광물 침전물에서 또 다른 실마리를 찾을 수 있다. 그

것은 생명활동을 위한 수많은 화학반응이 효소라는 단백질을 중심으로 한 거대한 화합물을 촉매로 하고, 화학반응을 직접 매개하는 그 효소의 중심부에 많은 경우 금속이온이 놓여 있다는 점이다. 열수공을 구성하는 일련의 광물들은 철을 비롯한 금속 황화물을 포함하는 경우가 흔하다. 이들은 효소 내 활성 부위와 유사하게 격벽구조 안에서 이산화탄소, 메탄, 수소와 같은 분자 사이의 반응을 매개함으로써 생명의 기본 단위가 되는 단순한 유기물을 형성할 수 있다는 사실이 밝혀졌다.

현재 열수 생태계 미생물이 원시생명의 모습을 고스란히 간직하고 있다고는 보기 어려우며, 수십억 년에 걸친 진화의 산물이라는 사실은 틀림없다. 하지만 이 열수 미생물은 지표 환경에서 쉽게 찾아볼 수 없는 지구 내부의 에너지를 이용한 미생물 대사작용에 관한 연구를 가능하게 해줌으로써 지금의 지구와는 무척 다른 모습이었던 원시 지구에서 벌어진 생명활동의 모습에 한 발 더 다가설 수 있게 해준다.

여기에는 과거로 시간을 돌리기 위한 연구 또한 포함되어 있다. 실제로 현존하지 않는 과거의 생명에 관한 연구는 분자시계돌연변이가 발생 빈도를 연구해 특정 생물 집단이 둘 이상의 집단으로 분화한 시점을 추정하는 기술와 같은 현재 생물에서 얻을 수 있는 정보도 매우 중요하지만, 필연적으로 화석과 같은 오래된 지질 기록에 의존할 수밖에 없다. 열수 환경의 원시생명체는 우리가 알고 있는 공룡이나 삼엽충과 같이 눈에 띄는 화석이 될 수 있는 생물은 아니었을 것이다. 그렇다면 지질 기록에서 원시생명체의 흔적은 어떻게 찾아낼 수 있을까? 과학자들은 이 문제를 해결하기 위해 물리적인 화석이 아닌 화학적인 기록에 주목했다. 특히 생명활동에 중요한 역할을 하는 탄소나 질소, 황을 비롯한 원소들은 원자번호는 같지만 중성자의 수가 다른 동위원소를 지니고, 생물의 활동을 통해 주변 환경의 동위원소 분포에 미세한 변화를 만든다는 점에서, 수십억 년 나이의 암석에서도 과거 생명활동을 엿볼 기회를 제공한다. 다만 삼엽충 화석을 자갈 더미에서 찾아내려면 먼저 이들의 형태에 관한 체계적인 이해가 필요하듯이, 생물이 남기는 화학적 흔적을 화학적인 반응의 기록과 구분하고 해석하려면 그 기준이 필요하다. 그리고 심해 열수공이 그 기준을 제공할 수 있을 것으로 기대된다. 원시 지구와 비교적 유사한 환경을 지닌 것으로 간주되는 심해 열수공의 미생물은 최초의 생명과 그 후손들이 주변 암석과 퇴적물의 지구화학적 조성에 미쳤을 영향을 유추할 수 있는, 완벽하지는 않지만 분명 오늘날 우리에게 주어진 최적의 연구 대상 중 하나이기 때문이다.

아쉬운 점은, 비교적 안정된 땅덩어리에 위치한 우리나라 영해에는 심해 열수공이 존재하지 않아 원시생명에 관한 연구에 어려움이 따를 수밖에 없다는 점이다. 하지만 원시생명에 관한 연구는 전 지구적 차원에서 이루어질 수밖에 없다. 우리나라 과학자들이 지구 저편의 먼바다로 달려가는 이유가 여기에 있고, 그간 줄기찬 노력과 끊임없는 시도 끝에 우리 연구진에 의해 2018년 새로운 열수 환경이 인도양에서 발견되어 '온누리 열수지역'으로 명명되었다.

온누리 열수지역에 관한 미생물 연구는 이제 첫걸음을 뗀 정도다. 하지만 해저 퇴적물에 널리 분포하는 황산이온을 이용해 숨을 쉬는

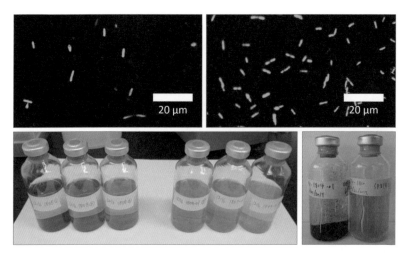

[사진 2] 온누리 열수 환경 퇴적물에서 분리된 혐기성 미생물. 왼쪽 현미경 사진과 푸른색을 띠는 배지는 바나듐 환원 미생물이며, 오른쪽 현미경 사진과 검은색을 띠는 배지는 황산염 환원 미생물이다.

미생물에서부터 열수 환경에서도 보고된 사례가 드문 바나듐을 환원하는 미생물에 이르기까지, 다양한 미생물 그룹의 활동이 여기서 확인되었다(사진 2). 이들 미생물이 심해 열수 환경에서 지구 내부 기원의 물질, 에너지를 이용해 살아가는 방식, 주변의 지질 매체에 남기는 미세한 화학적 흔적에 관한 연구는 현재까지 우리나라에서는 거의 불모지나 다름없는 원시생명 연구의 중요한 밑거름이 되고 있다.

많은 연구자의 노력과 지속적인 연구와 함께, 약간의 운도 필요하지만, 머지않은 장래에 대한민국이 발견한 인도양의 온누리 열수지역이 지구 초기의 생명 기원을 밝히는 중요한 연구지로 알려질 날을 기대한다.

초임계유체를 찾아서

이희승

'**초임계유체**supercritical fluid.'

이 낯선 용어를 들어본 적 있는가? 우리가 사는 세상에는 아는 것과 알지 못하는 것들로 이루어져 있다. 알고 있는 것 가운데는 누군가로부터 배워서 아는 것이 있고, 스스로 익히거나 깨달음을 통해 아는 것도 있다. 그런데 자발적 호기심에서 직접 찾아내서 아는 앎도 있다. 이런 앎은 발견의 기쁨을 동반한다. 알면 아는 만큼 보이고, 사랑하고 보면 진짜로 보인다는 세간의 말도 이런 발견의 기쁨과 직결되어 있을 것이다. 글의 시작부터 뜬금없이 앎에 대한 욕구와 발견의 기쁨 운운하는 데는 이유가 없지 않다. 지금껏 살면서 쉽게 접하지 못한, '초임계유체'라는 낯선 용어에 관해 이 글을 읽는 독자들의 궁금증과 호기심을 살짝 자극하기 위해서다. 아마도 이 글을 끝까지 찬찬히 따라 읽는다면, 장담컨대 뜻밖의 물리적 현상과 바닷속 깊이 존재하는 이색적인 세계에 한층 더 매력을 느낄 것이다.

액체도, 기체도, 고체도 아닌 네 번째 상태

물이 온도에 따라 얼음과 물, 수증기라는 세 가지 서로 다른 상태로 존재할 수 있듯이, 물질의 상태는 온도에 따라 변한다. 우리가 눈으로 볼 수 있는 물질은 기체, 액체, 고체 중 어느 한 상태를 유지한다. 이를 일컬어 '물질의 삼태'라고 한다. 그런데 기체, 액체, 고체 상태와는 전혀 다른 네 번째 상태가 존재한다. 바로 초임계유체다. 물론 우리가 살고 있는 일상적 환경에서 이런 초임계유체 상태를 경험하기란 어렵다.

사실, 물질이 온도에 따라 그 상태가 변한다지만, "물은 100℃에서 끓으면 수증기가 된다"는 말이 늘 옳다고는 할 수 없다. 주위의 압력이 낮으면 물은 90℃에서도 끓을 수 있고, 압력이 높으면 200℃에 달하는 고온이라 하더라도 끓지 않고 물 상태 그대로 존재할 수 있기 때문이다. 그렇다면 압력이 아주 높은 환경에서 물의 온도가 계속 높아지면 어떤 일이 벌어질까?

고압용기에 물을 조금 채운 후 가열하면 온도와 압력이 증가한다. 이 과정에서 온도와 압력이 일정 정도 이상이 되면, 물의 밀도는 낮아지고 기화된 수증기의 밀도는 높아져 두 밀도가 같아짐으로써 액체

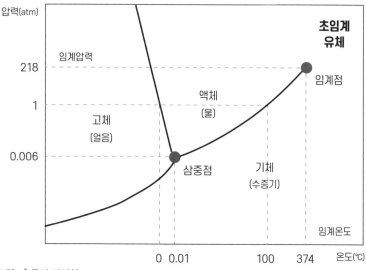

압력(atm)

초임계
유체

임계압력

218 ----------------------- 임계점

액체
1 ------------------- (물)

고체
(얼음)

0.006 -------------------- 삼중점

기체
(수증기)

임계온도

0 0.01   100   374   온도(℃)

[그림 1] 물의 상평형.

와 기체가 서로 분간할 수 없는 상태에 다다른다. 바로 이런 상태를 초임계유체라고 하고, 초임계유체에 도달할 수 있는 임계온도와 압력을 임계점critical point이라 한다. 물의 임계점은 온도와 압력이 각각 약 374℃, 218기압으로, 이보다 높으면 이런 초임계유체 상태에 이르게 된다.

우리가 살고 있는 지구의 자연계에도 고압용기에서 끓는 것처럼 물이 초임계유체 상태에 다다르는 공간이 있다. 열수분출공 주변이 바로 그러하다. 깊은 바다의 수심이 임계압력보다 높은 압력을 만들고, 지각에서 뿜어져 나오는 뜨거운 물이 임계온도보다 높으면 물은 초임계유체 상태를 유지하게 된다.

먼저 초임계유체에 관해 좀 더 알아보고, 열수분출공 주변에서 생기는 신기한 현상을 한번 상상해보기로 하자. 초임계유체는 앞서 설명한 고압용기 속의 끓는 물처럼 임계점 이상의 온도와 압력 환경에 놓인 물질 상태를 일컫는다. 물과 에탄올의 끓는점이 다른 것처럼, 임계점은 물질의 고유한 특성이어서 물질마다 서로 다른 값을 갖는다.

초임계유체는 액체와 기체를 구분할 수 없는 상태일 뿐 아니라, 그 성질도 액체나 기체 상태와 전혀 다르다. [표1]에서 보듯이, 물이 초임계유체 상태에 이르면 밀도는 물의 밀도($1cm^3$당 1.00g)보다 3분의 1 미만($1cm^3$당 0.322g)으로 낮아진다(하지만 수증기의 밀도보다는 월등히 높다). 게다가 초임계유체는 확산성과 용해성도 액체와 기체의 중간 정도의 특성을 보인다. 초임계유체의 확산성은 기체에 가깝고, 용해성은 액체에 가깝다. 이런 특성은 초임계유체의 산업적 이용과 긴밀하게 연관된다.

디카페인 커피를 탄생시킨 초임계유체

높은 온도와 높은 압력을 유지할 때 만들어지는 초임계유체는 실제 산업에 의외로 많이 사용된다.

[표1]에서 알 수 있듯이, 이산화탄소는 물보다 훨씬 낮은 임계온도와 임계압력을 갖고 있어서 초임계유체를 만드는 장비 구축에 효율적이다. 상온에서 기체 상태를 이루는 이산화탄소를 31℃ 이상의 따뜻한 상태로 유지하면서 압력을 73기압 이상으로 올리면 초임계유체 상

[표1] 주요 물질의 임계점

물질	임계온도(℃)	임계압력(기압)	임계밀도(g/cm³)
물H_2O	373.8	217.8	0.322
이산화탄소CO_2	31.0	72.8	0.469
메탄올CH_3OH	239.5	79.9	0.276
에탄올C_2H_5OH	243.1	60.1	0.280

태에 도달할 수 있다. 이런 초임계유체 이산화탄소는 갖가지 물질을 손쉽게 용해하는 특성이 있어 다양한 물질을 추출하는 데 사용된다. 초임계유체 이산화탄소를 이용한 추출은 작업 종료 후 압력만 낮추면 이산화탄소가 쉽게 제거되고 추출물만 남기는 장점이 있다. 뜨거운 물이나 유기용매를 사용하는 전통적인 추출법에 비해 초임계유체 이산화탄소를 활용한 추출법은 추출 후 용매를 제거하는 별도의 과정이 필요 없고, 기화되어 날아가는 이산화탄소를 회수해 다시 쓸 수 있어서 친환경적인 추출법이라 할 수 있다.

이 초임계유체 이산화탄소 추출법은 환경에 미치는 영향이 적을 뿐 아니라 인체에도 해가 없는 무독성, 친환경 공정이 가능해 의약품, 식품 소재, 화장품 소재, 천연물의 추출에 다양하게 활용된다. 실제로 초임계유체를 이용해 가장 먼저 상업화된 공정은 커피 원두로부터 카페인을 제거하는 공정이었다. 시중에 판매되는 디카페인 커피는 이런 초임계유체 이산화탄소를 사용한 추출 공법이 적용된 경우다. 로스팅하지 않은 커피 생두를 고압용기에 넣고 이산화탄소를 주입하면서 온도와 압력을 높이면 초임계유체 이산화탄소가 커피 생두 내부로 확산해 카페인을 녹여서 생두 외부로 추출할 수 있다. 거의 기체에 가까운 확산성과 액체에 가까운 용해성을 동시에 지닌 초임계유체가 아니면 이런 추출은 도저히 생각하기 힘든 공정이다. 디카페인 커피 공정 외에도 에센셜 오일이나 향료의 추출, 맥주의 홉 추출에도 초임계유체가 사용되고 있다.

천연 초임계유체가 있는 열수분출공

무극성인 이산화탄소를 이용하는 초임계유체 추출법은 앞서 말한 카페인, 오일, 홉 등 극성이 낮은 물질의 추출에 유용하다. 반대로 극성이 상대적으로 높은 물질을 추출하기 위해서 이산화탄소에 극성 용매인 메탄올 또는 에탄올을 혼합한 초임계유체를 이용하기도 한다.

이쯤에서 다시 열수분출공의 초임계유체 얘기로 돌아가 보자.

초임계 현상이 나타나기 시작하는 임계점은 물질의 고유한 특성이라 물질마다 다르다는 점은 앞서 언급했다. 순수한 물은 218기압보다 높은 압력과 374℃보다 높은 온도에 이르면 초임계유체 상태에 도달한다. 하지만 소금을 포함한 해수는 순수한 물보다 높은 임계점을 갖는다. 알려진 바에 따르면, 순수한 물에 해수와 비슷하게 염화나트륨 NaCl을 3.2% 더하면 임계점이 높아져 온도와 압력이 각각 406℃, 299기압에 이르게 된다. 물론 열수분출공을 통해 분출되는 물에는 각종 염과 미네랄이 녹아 있어서 이들의 농도에 따라 임계점 온도와 압력은 다를 수밖에 없다.

기압은 지구상에서 공기의 무게 때문에 생기는 압력을 말한다. 1기압은 약 10m의 물기둥 무게에 해당한다. 물의 무게로 인해 생기는 압력은 물의 깊이가 10m 증가할 때마다 약 1기압씩 높아진다. 이를테면, 수심 1,000m에서는 약 100기압, 수심 1만m의 해저에서는 약 1,000기압의 압력을 받게 된다.

해수와 비슷하게 염화나트륨을 3.2% 함유한 물이 초임계유체에 도달할 수 있는 임계압력은 299기압이니 대략 수심 3,000m보다 깊은 해저의 열수분출공이면 초임계유체 해수를 발견할 수 있는 압력 조건을 갖춘 셈이다. 혹자는 지구상에 수심 3,000m보다 깊은 바다가 있는지 의아하게 생각하겠지만, 실제로 지구상에 존재하는 바다의 평균 깊이는 약 3,700m에 달한다. 그중 심해저 가운데 움푹 들어간 좁고 긴 해저지형을 일컫는 해구는 수심이 보통 6,000m 이상이라서, 깊은 바다에서 초임계유체 해수를 발견하는 것이 전혀 불가능한 일은 아니다.

실제로 대서양 중앙해령에 있는 심해 열수공 중의 하나인 터틀 핏 Turtle Pits을 비롯한 다수의 열수분출공에서 초임계유체 해수가 관찰된 바 있다. 수심이 깊어 압력은 높고 주변 수온은 2℃ 정도에 불과한데도, 온도가 400℃보다 높고, 밀도가 물보다 3분의 1 이하로 낮은 유체가 존재한다는 것은 도저히 상상할 수 없지만, 그럼에도 초임계유체 해수가 존재한다는 것은 사실이다. 단언할 수는 없지만, 해양과학자들의 연구 열정에 비추어 보건대 지금껏 알려진 것보다 훨씬 더 많은

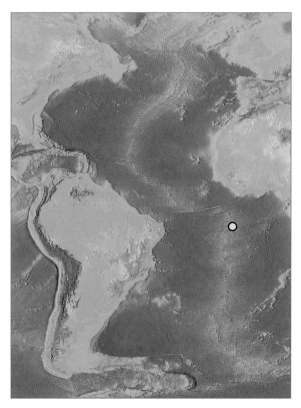

[그림 2] 대서양 중앙해령.
(터틀 핏의 위치: 남위 4도 49분, 서경 12도 22분)

심해 열수공에서 초임계유체 현상이 발견될 것으로 예상된다.

초임계유체 해수는 해양지각의 갈라진 틈을 통해 내부로 스며든 해수가 지각 내부에서 높은 압력과 온도를 받아 초임계유체 상태로 만들어진 다음 열수분출공을 통해 분출되는 것이다. 따라서 해저 지각 내부에는 초임계 상태의 물이 광범위하게 퍼져 있을 것으로 추측된다. 초임계유체 이산화탄소가 커피 생두에서 카페인을 추출하는 것처럼 초임계유체 해수는 지각에서 각종 광물과 황화물을 녹여서 해수로 끌고 나오는 역할을 한다. 지각 내부에서 각종 금속을 녹이는 힘은 무엇보다 물 자체가 초임계유체 상태를 유지하고 있기 때문이다. 이런 열수 순환의 기능과 역할은 이 책의 다른 장에서 더 상세히 다뤄질 것이다.

초임계유체는 깊은 바닷속 열기 가득한 곳에서 지구의 물질 순환에 중요한 역할을 하고 있다. 그뿐만 아니라 산업현장에서도 다채롭게 응용된다. 이것만으로 충분한 설명이 될 수는 없겠지만, 이를 통해 여러분의 눈에 생소하게만 보이던 초임계유체라는 용어가 한층 더 흥미롭고 다양한 호기심을 자아내는 용어로 자리매김하길 기대해본다.

열수분출공을
화학의 눈으로 살펴보면

최기영

확장되는 해저화산대와 수렴하는 판 경계에서 일어나는 해저의 화산 활동은 열수분출공을 만들어내는데, 그 주변에는 이전에 볼 수 없던 수많은 동물로 둘러싸인다는 사실도 관찰되었다. 이러한 생물 군집은 해저화산과 관련된 뜨거운 마그마와 해수의 상호작용으로 인해 발생하는 특별한 화학적 과정에 의존해 살고 있다.

열수분출공에서는 뜨겁게 데워진 열수와 함께 환원된 상태의 풍부한 금속류 및 황화수소를 방출한다. 방출된 열수는 곧바로 온도가 낮고 산소가 풍부한 심해수와 혼합되어 많은 종류의 화학성분을 공급하는 심해저 금속광물의 근원이 된다. 또 황화수소에 기초한 심해저 생물 군집을 조성하는 데도 기여한다.

열수는 환원 상태의 화학원소를 다량 방출하는데, 주변 해수와 혼

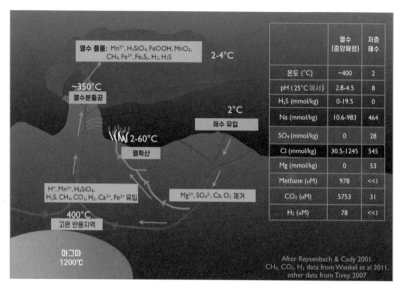

[그림 1] 해수와 열수의 변환과 화학적 조성 비교.

합해 산화됨에 따라 검은색 입자의 연기(블랙 스모크)처럼 방출한다. 방출된 화학원소는 그 뒤 온도 차에 의해 부력이 발생해 방출되다가 온도가 내려가면서 해류에 의해 분산된다.

화학적 특성을 알면 열수분출공을 찾을 수 있다

열수분출공과 주변 환경에 관해 자세히 알아보자.

열수분출공은 해수가 해저화산 지대 부근에서 해양지각이 균열된 곳을 통해 아래로 스며든 결과에 따른 것이다. 차가운 해수가 뜨거운 마그마에 의해 가열된 후 다시 지각의 약한 틈으로 나와서 분출구를 형성한다. 해수가 가열되면 일부 화학물질(마그네슘 및 황산염 이온 등)은 제거되는 반면, 많은 다른 화학물질(황, 구리, 아연, 금, 철, 헬륨 등)은 뜨거운 지각에서 해수로 옮겨진다. 열수는 환원 상태로 강한 산성(pH 3.4)을 나타내고 매우 고온(340°C 이상) 상태를 이루고 있다. 특히 열수에는 지구 내부에서 환원된 상태의 갖가지 높은 농도의 금속류(구리, 망간, 철, 납, 아연, 코발트, 니켈 등)가 포함되어 있고, 또 화산기체인 황화수소 H_2S도 풍부하게 녹아 있다. 열수는 온도가 높은 관계로 주변의 차가운 해수에 비해 비중이 가벼워서 부력이 발생하기 때문에 빠른 속도로 분출되는 것이다.

열수분출공에서 나오는 해수는 340°C 이상의 높은 온도까지 도달할 수 있는데, 대부분 물질의 용해도는 온도가 증가함에 따라 증가하는 관계로 이런 고온의 환경은 여러 물질이 해수에 용해되는 데 기여한다. 한편 열수분출공에서 나오는 해수는 뜨겁지만, 분출공이 형성되는 지역이 수심이 깊고 기압이 높은 곳이기에 끓지 않는 것이 특징이다.

열수분출공의 열수에 비해 그 주변 해수는 매우 차갑고 산소가 풍부하며 pH 7.8로 약염기를 나타내고 있어 환원 상태의 열수는 산화 상태의 해수와 혼합되어 화학반응(산화-환원)을 일으킨다. 이때 용존상태의 환원금속은 입자 상태의 산화금속으로 산화반응이 일어나고 입자화된 산화금속류 및 황화수소-금속 입자의 검은 색깔 때문에 마치 굴뚝에서 솟아나는 시커먼 연기처럼 보인다.

열수분출공이 이처럼 굴뚝 형태를 보이는 이유가 여기에 있다. 일단 열수가 주변의 해수에 의해 냉각되면 열수에 용해되어 있던 여러 광물은 용해도가 낮아져서 퇴적된다. 이것이 싸여 형성되는 것이 굴뚝, 즉 침니다. 표현상 '블랙 스모크 분출공black smoke chimney'은 검은색인 황화철의 퇴적물로 형성된 굴뚝을 의미하고, '화이트 스모크 분출공white smoke chimney'은 흰색인 바륨, 칼슘 및 규소의 퇴적물로 형성된 굴뚝을 말한다.

산화된 입자금속류는 결국 주변 해저에 침전되어 망간단괴 등의 심해저 자원이 되고, 방출된 황화수소는 열수공 주변에서 살아가는 황박테리아의 주요 화학적 환원 에너지(수소 에너지의 공급원)가 된다.

열수의 연기 같은 흔적을 일컫는 열수 플룸은 열수분출공에서 나오는 화학적으로 변화된 해수에 의해 형성된 것이다. 이 열수 플룸의 열과 화학성분은 주변 해수와 비교해 확연히 구별되는데, 이러한 특성을 측정하고 추적하는 방법이 열수분출공의 탐사에 활용된다. 화학성분 중 일부(특히 헬륨)는 이를 생성한 열수분출공으로부터 최대 수백 킬로미터 떨어진 곳에서도 감지할 수 있다.

~~~~ 그림출처

그림 1.

Figure 1: This image traces the pathway that seawater makes through the ocean crust as it is chemically and thermally transformed into hydrothermal fluid. This hydrothermal fluid carries the chemical energy that fuels hydrothermal vent ecosystems. This image also compares the chemistry of typical seawater with typical Mid-Ocean Ridge (MOR) hydrothermal fluid.
https://sitn.hms.harvard.edu/flash/2013/the-alien-worlds-of-hydrothermal-vents-2/

References for Figure 1:

Reysenbach, A. L., & Cady, S. L. (2001). Microbiology of ancient and modern hydrothermal systems. TRENDS in Microbiology, 9(2), 79~86.
Wankel, S. D., Germanovich, L. N., Lilley, M. D., Genc, G., DiPerna, C. J., Bradley, A. S., et al. (2011). Influence of subsurface biosphere on geochemical fluxes from diffuse hydrothermal fluids. Nature Geoscience, 4(6), 1~8.
Tivey, M. K. (2007). Generation of Seafloor Hydrothermal Vent Fluids and Associated Mineral Deposits. Oceanography, 20(1), 50~65

내용참고
https://www.pmel.noaa.gov/eoi/chemocean.html

part 2

열수 생태계에서 살아가는
생물들의 비밀

광합성 대신
화학합성하는 생태계

민원기, 오제혁

세계에서 가장 유명한 심해유인잠수정인 앨빈호는 1977년 화산활동
이 활발한 태평양의 동쪽 바다 갈라파고스 인근 해저 산맥 지역, 수
심 2,600m의 해저면에서 인류 역사상 처음으로 350℃가 넘는 뜨거
운 물이 솟아오르는 열수분출공을 발견했다. 그뿐만 아니라 열수분
출공 주변에서 지금까지 한 번도 본 적 없던 관벌레를 비롯해 홍합,
게, 새우 등이 엄청나게 밀집해 살고 있다는 사실도 확인했다. 이런 엄
청난 밀도의 열수생물 군집의 발견은 당시 과학자들을 무척 놀라게
했다. 그도 그럴 것이 심해는 수심이 깊어질수록 저온·고압의 극한
서식 환경이고, 광합성을 하는 기초 먹이생물이 감소해서 많은 개체
수의 생물이 서식할 수 없다는 것이 상식처럼 통했기 때문이다. 게다
가 기존의 해양 생태계는 모두 광합성을 기초로 해 플랑크톤과 해조

류가 번성하고 이를 먹이로 하는 생물들이 먹이망으로 연결되어 최상위 포식자인 포유류나 대형어류로 이어지는 생태적 사이클을 통해 균형을 이루는 것으로 알고 있었기 때문이다.

그러나 앨빈호가 발견한 열수생물 군집은 이런 광합성 생태계 photosynthetic ecosystem로는 도저히 설명할 수 없는 먹이망이 존재한다는 사실을 보여주었다. 태양 에너지의 흐름이 아닌, 차원이 다른 어떤 에너지원이 존재할 수 있다는 단적인 증거였던 것이다. 이 새로운 에너지의 흐름은 바로 해저화산의 활동으로 생성된 열수가 뿜어져 나올 때 함께 분출되는 물질을 이용해 유기물을 합성하는 미생물을 기초로 이루어지는 화학합성 생태계 chemosynthetic ecosystem다.

화학합성 생태계의 비밀

화학합성 생태계는 도대체 어떻게 형성되는 것일까? 그 답은 화학합성, 즉 무기물의 산화에 의해 발생하는 에너지를 사용해 유기물을 합성하는 데 있다. 다시 말해 광합성에서 빛 에너지를 이용하는 것처럼, 무기물의 산화 에너지를 이용하는 것이다.

화학합성 생태계는 메탄 산화 세균 같은 무기영양생물이 기초생산자 역할을 해서 먹이망이 형성되는 생태계를 의미하고, 여기에 관련된 생물 군집을 화학합성 생물 군집으로 규정한다. 지금까지 알려진 대표적인 화학합성 생태계가 마그마 등의 열원에 의해 열수 순환계에

[사진 1] 한국해양과학기술원 2022년 인도양 탐사에서 새롭게 발견된 아르고 열수분출공의 대규모 열수새우 군집. 사진에서 흰색으로 보이는 부분이 모두 열수새우 떼다. 연안에서도 이렇게 고밀도의 생물 군집을 찾아볼 수 없는데, 먹이가 제한적인 심해의 환경에서 이렇게 많은 생물이 밀집해서 서식할 수 있는 이유는 열수 생태계가 화학합성으로 유지되는 시스템이기 때문이다.

형성되는 열수 생태계와 열수가 뿜어져 나오는 열수분출공 주변에 생겨나는 고밀도 생물 군집이다(사진 1).

　이외에도 메탄 같은 탄화수소가 풍부하게 함축된 용수가 뿜어져 나오는 장소에서 형성되는 냉용수 생태계가 있다. 열수분출공 생물 군집은, 통상 중앙해령이나 열도 배호분지의 활동적인 해저화산 지역에서 형성된다. 냉용수생물 군집은 해구나 트러프라는 판의 수렴지역, 메탄하이드레이트 형성 지역, 진흙화산, 해저유전 지역 등에 형성된다. 생물의 사체가 해저면에 싸여 부패하면서 유화수소나 메탄이 발생하는 경우도 있다. 죽은 고래에 형성되는 고래 뼈 생물 군집이나 침몰된 나무에 형성되는 침목沈木, sunken wood 생물 군집이 여기에 해당한다(사진 2).

화학합성 생태계 가운데 열수분출공 주변에 형성되는 열수 생태계의 먹이사슬을 잠시 살펴보자. 1차 생산자인 세균이나 고세균은 해저의 표면이나 저서생물의 몸 표면에 밀집해 박테리아 매트를 형성하거나 자유롭게 해수 공간을 떠다닌다. 화학합성 생태계에서는 세균과 동물의 사이에 다양한 공생 관계가 존재한다. 열수분출공 주변에 높은 밀도로 서식하는 패류와 갑각류는 세포 내외에 박테리아를 공생시켜 그들이 생산하는 물질을 영양원으로 삼는다. 이러한 열수생물의 서식 밀도는 다른 심해 지역에서는 관찰할 수 없을 정도의 높은 값을 보인다. 대서양 중앙해령의 열수지역에 서식하는 새우류인 리미카리스 엑소쿨라타Rimicaris exoculata는 1㎡당 2,500개체, 멕시코만의 용수역에 서식하는 홍합류인 배씨모디올루스 칠드레씨는 1㎡당 460~830개체에 달할 정도로 엄청나게 많은 개체가 서식한다. 일본 사가미만 하쓰시마 앞의 냉용수지역에서는 이매패류인 칼립토지나 소요알Calyptogena soyoal과 칼립토지나 오쿠타니Calyptogena okutanii 군집은 1㎡당 약 130개체 정도의 서식 밀도를 나타냈다.

한편, 화학합성 생물 군집의 종 다양성을 보면, 광합성 의존형의 심해생물 군집보다 낮게 나타나는 경우가 대부분이다. 왜냐하면 화학합성 생물 군집을 구성하는 생물종의 서식 밀도나 생체량은 한두 가지 종이 군집의 70~90%를 차지하기 때문이다. 화학합성 생태계의

[사진 2] 심해 화학합성 생태계의 한 종류인 침목 생물 군집. 사진은 동해의 울릉분지에서 한국해양과학기술원의 무인잠수정 해미래로 촬영한 침목 부근에 자리 잡은 심해생물들이다. 눈으로는 볼 수 없지만 나무 표면과 내부에는 유기물을 분해해서 에너지를 얻는 미생물들과 이를 이용하는 소형 무척추동물들이 서식하고 있다.

다양성이 낮은 이유는 아직은 명확하지 않다. 다만 여기에는 고온의 유화수소나 중금속의 농도가 높은 유독 환경, 환경의 불안정성(열수 분출이나 냉용수 현상이 비교적 단기 수명이기 때문에) 등이 영향을 미치고 있을지 모른다는 추측이 무성하다. 그러나 열수분출공의 생물량은 일반 심해에 존재하는 생물량과는 비교가 안 될 정도로 많다. 또 여기에 근거한 먹이 조건도 심해생물의 서식에 유리한 조건이 되는 것이 분명해 보인다.

열수가 사라지면 생물은 어떻게 될까?

지구 내부에서 만들어진 열수의 성분과 미생물의 작용은 이처럼 엄청난 수의 열수생물 군집이 존재할 수 있게 했다. 그렇다면, 열수가

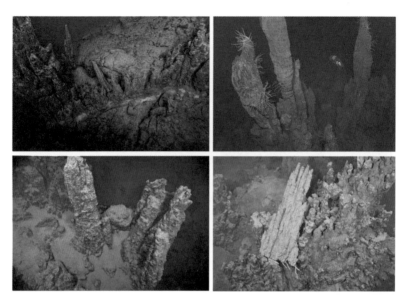

[사진 3] 열수가 더 이상 분출되지 않아 열수생물이 서식하지 않는 죽은 침니의 모습들. 사람이 사라져 폐허가 된 유령도시 같은 모습이다. 자세히 들여다보면 열수성 생물이 아닌 몇 종류의 심해생물들이 보인다.

뿜어져 나오는 구멍이 막히거나 지구 내부의 흐름이 바뀌어 열수가 더 이상 나오지 않으면 어떻게 될까? 그렇다. 한 번쯤 생각해볼 문제다. 만약 화학합성 에너지의 원천인 열수의 공급이 끊긴다면, 당연히 열수생물 군집은 존재할 수 없을 것이다. 열수지역을 심해잠수정으로 탐색하다 보면, 이처럼 열수활동이 없는 죽은 침니 구역을 곳곳에서 볼 수 있다. 블록버스터 재난 영화 속, 사람이라고는 전혀 찾아볼 수 없고 파손된 건물만 즐비하게 늘어서서 마치 유령도시를 보는 듯한 인상을 준다(사진 3).

열수생물은 열수가 분출되지 않으면 생존할 수 없어 전멸하게 된

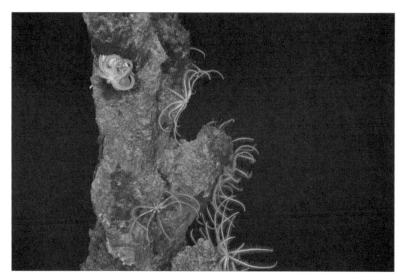

[사진 4] 이곳은 인도양 열수역의 죽은 침니 구역으로, 열수가 나오지 않아 열수생물이 사라진 침니를 점령하고 살아가는 심해생물을 볼 수 있다. 침니 표면에 마치 위성안테나처럼 촉수들이 있는 다리를 펼쳐 먹이를 기다리는 심해불가사리류인 프레엘라류 군집이다. 왼쪽 위에는 심해 문어가 알을 품고 있는 것도 확인할 수 있다.

다. 하지만 열수분출공 주변에 서식하며 열수 생태계의 도움을 받던 일반 심해생물들은 열수가 그쳐도 계속 생존할 수 있다. 열수생물이 사라진 죽은 침니를 점령해서 살아가는 생물로는 심해해면동물, 심해조름류, 심해불가사리인 프레엘라류*Freyella* sp.가 대표적이다(사진 4). 이외에도 주변 해역에는 열수가 없어도 생존할 수 있는 다양한 심해 생명체들을 볼 수 있다. 열수생물들이 서식하는 열수 생태계에서 거리가 조금 떨어진 주변 해역을 탐사해보니, 다양한 종류의 심해말미잘류, 심해산호의 일종인 자포동물문의 조름류*Primnoidae* sp., 관해파리류, 헬멧해파리류, 심해문어류*Graneledone* sp., 심해오징어류*Teuthida*

[사진 5] 무인잠수정으로 촬영한 통가·피지 해역의 심해생물들. 열수의 직접적인 영향이 없는 주변 해역에 서식하는 생물들로 화학합성 생태계의 열수생물 군집이 아닌 일반 심해생물들이다. 서식 위치에 따라서는 열수생물을 섭취하는 전략으로 살아가는 생물들도 있기에, 열수분출공이 존재하지 않는 해역에 비해서 서식 밀도가 높다.

①~④ 심해말미잘류 ⑤심해조름류 ⑥ 심해관해파리류 ⑦ 심해헬멧해파리류 ⑧심해문어인 ⑨ 심해오징어류 ⑩ 심해해삼류 ⑪ 반삭동물 ⑫ 심해은상어류 ⑬ 심해어류 ⑭ 점씬벵이류 ⑮ 심해아귀류 ⑯ 심해장어류.

sp., 심해해삼류_Benthothuria sp._, 반삭동물류_Torquaratoridae sp._, 심해은상 어류_Hydrolagus sp._, 심해어류인 세다리물고기_Bathypterois sp._, 점씬벵이류 _Chaunacidae sp._, 심해아귀류_Lophiidae sp._, 심해장어류_Synaphobranchidae sp._ 등 이 사는 것이 확인되었다. 특히 이들은 주변에 열수가 없는 일반 심해 보다 다소 높은 출현 빈도를 보였다. 이는 밀도 높은 열수생물에서 부 수적으로 얻을 수 있는 먹이원에 도움을 받아 살아가고 있다는 것을 보여준다(사진 5).

보전해야 할 소중한 해양 자원

심해 열수분출공은 고농도의 니켈, 구리, 아연 등의 유용광물의 집 합체로, 최근 많은 국가가 이를 선점하기 위해 경쟁적으로 탐사와 기 술 개발에 막대한 자금을 투자하고 있다. 열수광상 개발은 경제적으 로 우리 인류에게 중요하다. 그러나 이를 터전으로 살아가는 생태적 원주민들인 수많은 열수생물과 그 주변의 다양한 심해생물에게는 재 앙이 될 수밖에 없다. 이러한 이유로 국제해저기구인 ISA와 환경단체 들, 학자들, 기업들은 갖가지 규제와 보호를 위한 성명을 발표하고 있 다. 2021년 4월에는 구글과 BMW, 볼보, 삼성 SDI 같은 대기업에서 도 심해 환경 및 생태계를 보호하기 위해 세계자연기금_World Wide Fund for Nature, WWF_의 '심해저 광물 채굴 금지 이니셔티브'에 지지 성명을 보 낸 바 있다. 선언 내용의 핵심은 "심해에서 광물을 채취하는 활동을 중단하고, 심해 채굴회사에 자금을 조달하지도, 이들로부터 광물을 채취하지도 않겠다"는 취지에 실려 있다. 실제로 이들 기업은 모두 배터리 및 전기자동차 등을 생산하기 위해 육지에서는 고갈되어 구하기 어려운 코발트, 구리, 니켈 같은 심해 광물자원이 절대적으로 필요한 기업들이다. 하지만 심해저 광물 채굴이 해양 생태계에 미치는 부정적인 영향의 논란이 거세지자 이를 해결할 수 있는 적절한 규칙이 만들어질 때까지 채취활동을 유예하겠다는 것이다. 이를 관장하는 ISA는 현재 해저 채굴을 관리할 수 있는 국제적 규약을 마련 중이다. 적어도 이 규정이 최종 확정될 때까지는 심해 광물 채굴은 허용되지 않을 것이지만, 지금도 개발을 기다리는 국가와 기업들, 이를 막으려는 환경보호론자들 간의 갈등과 협의가 계속되고 있다.

심해 탐사를 거듭할수록 연구자들은 이 신비롭고 놀라운 심해생명체들의 생태와 각각의 생존 전략에 실로 감탄하지 않을 수 없다. 아직까지 발굴되지 않은 수많은 열수생물을 비롯한 심해생물이 지구상에서 멸종되지 않도록 해양생물학자들은 물론 이 글을 읽는 모든 사람의 관심과 노력도 절실하다. 인류가 더불어 사는 지속적인 생태환경을 위한 실천적 행동이 심해 생태계 보전을 위해서도 시급하다.

심해저 생물들은
무엇을 먹고 살까

서연지, 주세종

한 줄기 빛조차 허락되지 않는 극한의 환경에서도 생물들은 살아간다. 400℃에 달하는 열수가 굴뚝처럼 시커멓게 뿜어져 나오는 깊은 바닷속에도 생태계는 여지없이 조성되어 있다.

수심 약 200m 부근을 기준으로 위쪽 바다로는 빛이 투과되지만, 아래쪽 바다로는 빛이 투과되지 않는다. 빛이 투과되는 위쪽 바다, 즉 유광층에서는 식물플랑크톤이 광합성을 통해 유기물을 생성한 후 포식자에게 에너지를 전달한다. 반면, 빛이 투과되지 않는 무광층에서는 미생물이 광합성이 아닌 화학합성을 통해 유기물을 생성하며 생태계를 유지하고 있다.

열수 생태계는 어떤 곳일까?

심해 열수 생태계는 무광층이다. 이곳의 생물들은 화학합성을 하며 살아가는데, 심해 지층에 뚫린 구멍인 열수분출공을 통해 힘차게 분출되는 열수의 도움을 받는다. 분출되는 열수에는 각종 가스와 금속 성분이 녹아 있어서 열수분출공 주변에는 황화수소와 메탄, 철, 수소 등 무기물이 풍부하다. 이런 무기물들은 산화환원반응을 통해 에너지를 생성하고, 화학합성 박테리아가 이를 다시 유기물로 합성한다. 덕분에 다양한 미생물종들이 열수분출공 주변에서 살아갈 수 있다. 이들 미생물이 지층과 수층, 열수 플룸과 생물 체내외 등 다양한 환경에 존재하면서 물질을 합성하고 분해함으로써 생태계를 유지한다.

열수분출공을 점령하고 있는 생물은 거대 관벌레, 홍합, 조개, 가리비와 같은 무척추동물이다. 이들은 대부분 몸 안의 조직세포에서 화학합성 공생 박테리아를 수확해 먹이로 삼는다. 이처럼 열수분출공 주변에서 살아가는 동물들은 박테리아와 공생 관계를 이루며 생존에 도움을 주고받는다. 서로 먹이나 서식처를 제공해 열수분출공과 같은 극한 환경에서의 상호 생존 가능성을 높이고 있다.

열수분출공은 분출수 온도와 성분에 따라 블랙 스모커, 화이트 스모커, 확산성, 비활동성 열수분출공으로 나뉜다. 블랙 스모커는 온도 350℃ 정도를 이루며 금속 황화물과 망간이 풍부하고, 화이트 스모커는 온도가 300℃ 이하로 바륨, 칼슘, 규소가 풍부한 것이 특징이다.

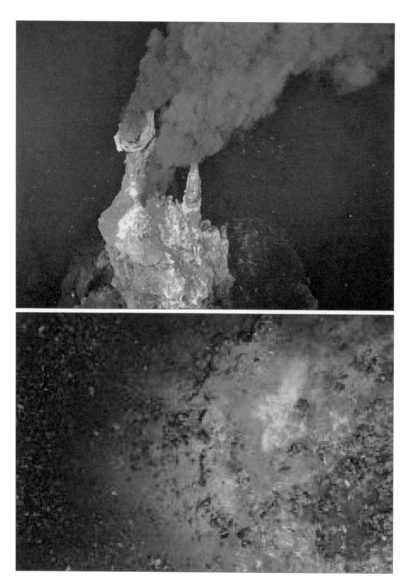

[사진 1] (위)남서태평양 피지 분지 열수분출공에서 350°C에 달하는 뜨거운 블랙 스모크가 분출되는 모습이다. 열수에 녹아 있는 광물 성분은 차가운 해수와 만나 냉각되면서 응고되어 굴뚝과 같은 구조를 형성한다. 이를 '침니'라고 부른다. (아래)2018년 인도양 중앙해령에서 국내 연구진에 의해 발견된 확산성 열수 '온누리'의 모습이다.

스모크가 분출되는 열수는 부유물질이 풍부해 거대 관벌레 리프티아와 같은 여과 섭식filter feeding: 물속의 음식 입자나 부유 물질을 걸러서 먹는 섭식 형태 생물이 번식하기 좋다. 리프티아는 키가 2m에 달하며 블랙 스모커 주변에 수백 마리씩 군집을 이루며 번식한다. 리프티아는 입과 내장은 없지만, 자기 몸무게의 절반에 이르는 박테리아가 체내 기관에 살며 여과 물질을 유기물로 합성해 리프티아에게 되돌려준다.

홍합의 아가미에 서식하는 화학합성 공생 박테리아도 홍합의 먹이를 만들어낸다. 공생 박테리아는 주변 환경에 따라 황화수소와 메탄, 수소를 합성해 먹이를 제공한다. 또한 홍합은 여과 섭식까지 가능해서 고온의 활동성 열수뿐만 아니라 저온의 확산성 열수와 냉용수에서도 살아갈 수 있다. 그 덕분에 심해 생태계의 일부를 차지하는 바이오매스biomass: 생물체와 분해물의 양을 모두 포함한 생물유기체의 총칭의 생산에 크게 기여하고 있다.

열수 생태계의 생물들은 무엇을 어떻게 먹을까?

열수 생태계는 에너지의 원천이나 유기물의 합성 경로, 미생물 다양성 면에서는 광합성 기반 생태계와 큰 차이가 있지만, 생물들의 섭식 형태와 먹이사슬 구조 면에서는 매우 유사하다.

광합성 생태계에서 1차 소비자는 녹색식물을 먹이로 하는 초식동물을 일컫는다. 열수 생태계에서는 거대 관벌레, 열수 홍합, 달팽이처

럼 공생 박테리아를 가진 숙주 생물이 1차 소비자 역할을 한다. 갯지
렁이, 삿갓조개 등 일부는 무척추동물 표면에 부착된 미생물을 긁어
먹거나grazing 다른 생물의 사체를 먹기도 한다(잔사식 생물detritivore). 열
수 새우나 바닷가재도 다른 생물이나 생물의 사체를 먹는 2차 소비자
이며 일부 흰달팽이는 오로지 홍합만 골라 먹는다. 말미잘은 수중에
떠다니는 유기물 입자를 걸러 먹거나, 독이 있는 쏘기 세포 촉수로 새
우처럼 작은 생물들을 마비시켜 잡아먹는다. 장님게는 열수 주변을
자유롭게 누비면서 바닥에 있는 거의 모든 유기물을 먹는 잡식생물이
며, 최상위 포식자인 어류와 문어도 종종 열수에 나타나서 생물들을
잡아먹고는 사라진다.

모든 생물의 영양 단계가 1차, 2차, 3차로 명쾌하게 구분되는 것은
아니고 서로 유기적인 관계 속에서 영양 단계가 정해진다. 예를 들어
내부 공생 박테리아를 가진 홍합은 열수 공급이 부족할 때 여과 섭식
을 통해 부족한 영양분을 섭취하고 달팽이는 표면에 부착한 미생물
을 긁어 먹거나 다른 생물의 사체를 먹기도 한다.

확산성 열수분출공은 100℃ 이하의 열수가 지층에서 천천히 유출
되는 지역에 존재한다. 이곳은 블랙 스모커 만큼이나 생물 다양성이
풍부하다. 그중 수온이 낮고 모래가 쌓인 저온성 열수분출공에서는
미생물들이 군집을 이뤄 매트를 형성하며 살아간다. 한 종류 또는 다
양한 종들의 복합미생물들이 표면에 살아가는 형태를 생물막biofilm이
라고 부르며, 생물막이 퇴적층과 물이 만나는 수중환경에서 층layers
을 이루어 존재하는 경우를 미생물 매트라고 한다. 이 미생물 매트는

영
양
단
계

최상위 포식자

문어　　어류

3차 소비자

잡식 생물 ——　장님게　말미잘

2차 소비자

육식 생물 ——　바닷가재　갯지렁이

잔사식 생물 ——　열수 새우　삿갓조개

여과섭식 생물 ——　따개비

1차 소비자

내부 공생세균
숙주 생물 ——　열수 홍합　검은 달팽이　털 달팽이

[그림 1] 남서태평양 북피지 분지 블랙 스모커 열수분출공 생물의 영양 단계(서연지 등, 2022)[1].

[사진 2] 스스로 갑옷을 지어 입는 철갑비늘발고둥[2].

무척추동물의 먹이가 된다.

철갑비늘을 두른 발고둥은 생김새가 독특할 뿐만 아니라, 신기한 능력도 갖고 있다. 이 고둥은 먹을 것과 입을 것을 자급자족하며 살아간다. 체내에 공생하는 박테리아가 해수에 녹아 있는 화학물질을 먹을거리로 만들어주고, 열수에서 배출된 황화철로 금속 갑옷을 스스로 지어 입는다. 갑옷 덕분에 이 고둥은 열수를 견뎌낸다. 철갑비늘발고둥은 심장이 매우 큰 것이 특징이다. 인간의 심장은 신체의 1.3%를 차지하는데 발고둥의 심장은 자기 몸 전체의 4%를 차지할 정도다. 현존하는 생물 중 심장의 비율이 가장 큰 것이 열수분출공에 서식하고 있는 철갑비늘발고둥이다. 이런 심장 구조는 공생 박테리아에게 산소를 제공하기 위해 발달한 것으로 보인다. 철갑비늘발고둥은 2001

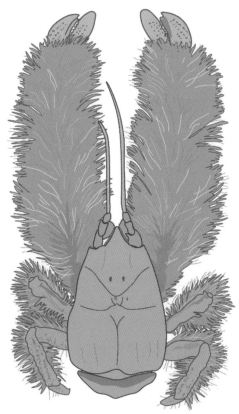

[그림 2] 털에 사는 공생 박테리아를 먹고 사는 호프게.
그림: 주지수

년 인도양에서 처음 발견되었지만, 2019년 멸종위기종으로 지정되었다. 이 신비로운 생물의 존재가 발견된 것은 참으로 다행스러운 일이 아닐 수 없다.

한편 확산성 열수분출공에서는 앞을 보지 못하는 장님새우도 발견된다. 장님새우는 눈이 퇴화한 대신, 등에 달린 센서를 통해 빛을 감지함으로써 주변 환경을 인지한다. 가재의 일종인 호프게는 몸에 달린 풍성한 털에 사는 공생 박테리아로부터 먹이를 얻는다. '호프'라는 이름은 가슴에 털이 많은 영화배우 데이비드 핫셀호프David Hasselhoff 에서 따온 흥미로운 이름이다.

열수 생태계는 극한의 환경 속에서 섭식 등 생존을 위한 기능을 변화시키며 살아온 생물들의 공간이다. 게다가 열수생물들의 독특한 습성은 자신들의 생존을 위한 진화의 흔적이다. 이들의 생존과 진화의 비밀은 과학자들의 연구를 통해 나날이 새롭게 밝혀지고 있어서 열수생물의 잠재적 가치는 갈수록 더 기대된다.

1) Suh et al. (2022) Niche partitioning of hydrothermal vent fauna in the North Fiji Basin, Southwest Pacific inferred from stable isotopes (안정동위원소를 활용한 남서태평양 북피지분지 열수분출공 생물의 생태적 지위), Marine Biology (accepted)

2) Sun, J., et al. (2020) The Scaly-foot Snail genome and implications for the origins of biomineralised armour(철갑비늘발고둥의 게놈과 금속갑옷의 기원 및 함의). Nat Commun 11, 1657

열수생물이
섬 같은 열수지역을
이동하는 방법

원용진, 장숙진

심해 열수생물들의 지리학적 분포는 알면 알수록 무척 흥미롭다. 이를 좀 더 심도 있게 이해하려면 먼저 이들의 서식지인 심해 열수공의 지질학적 특성을 포함한 물리화학적 특성에 관한 지식, 심해 열수생물들의 생물학적 특성에 관한 이해가 요구된다.

우선 심해 열수공의 지질학적 특성부터 살펴보기로 하자. 심해 열수 생태계는 지리적으로 고립된 분포를 보인다. 이런 특징 때문에 종종 심해의 오아시스로 비유된다. 짧게는 수십 킬로미터, 길게는 수백 킬로미터까지 서로 떨어져 분포하고 있는 것이 두드러진 점이다. 이는 열수생물의 서식지인 심해 열수공의 형성 과정과도 관련이 깊다.

심해 열수분출공은 해저의 마그마 활동이 활발한 지역에서 생성된다. 해저의 높은 압력을 받아 암석 틈으로 들어간 바닷물이 지각 아

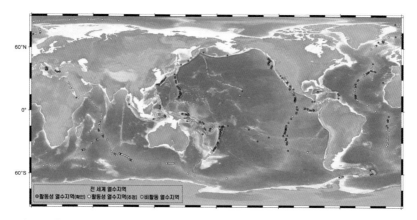

[그림 1] 전 세계 대양에서 발견된 심해 열수분출공의 분포. 빨간색 표식은 활동성 열수분출공의 위치이고, 노란색 표식은 아직 확인되지는 않았지만 존재할 것으로 추정되는 열수분출공 위치를 나타낸다. 회색 표식은 비활동성 열수분출공 위치다. 본 지도는 충남대 지질환경과학과의 김승섭 교수가 제작한 것으로, 지도 작성 시 열수분출공의 분포 데이터는 InterRidge Vents Database Version 3.4 를 참고했으며 수심에 관한 정보는 Tozer et al. 2019 Earth and Space Science 6:1847-2864 를 참고했다.

래 마그마와 만나서 뜨거운 물로 바뀐 후 다시 지각 틈으로 솟구쳐 올라와 분출되는 것을 일컬어 열수분출공이라고 한다. 심해 열수분출공은 해저면 깊은 곳에 위치한 맨틀이 상승하면서 용융되어 만들어진 마그마가 지표로 분출하는 곳에서 자주 발생하고 있다. 이런 지역은 주로 상승하는 마그마로 인해 해양지각이 새롭게 형성되는 판과 판의 경계를 이룬다. 판이 서로 반대 방향으로 이동함으로써 퍼져나가는 중앙해령, 하나의 판이 다른 판으로 수렴되는 섭입대subduction zone 지역의 배호분지, 그리고 해저의 화산활동이 있는 해산지역 등에도 열수분출공은 분포하고 있다(그림 1).

중앙해령은 맨틀의 대류와 용승 작용으로 인해 지구 내부의 열이 지표로 전달되어 식어가는 과정에서 생긴 지형이다. 깊은 바닷속에 있는 관계로 중앙해령의 해저면 융기는 거의 눈에 띄지 않지만, 수심 약 2,000~3000m 해저를 따라 높고 길게 이어지는 바다의 거대한 산맥이다. 실제 모습은 지구를 하나의 야구공으로 생각했을 때 그 야구공을 에워싼 실밥을 떠올려보면 쉽게 이해할 수 있다. 바다 밑을 따라 야구공의 실밥처럼 이어진 중앙해령 길이를 모두 더하면 무려 6만 5,000km에 달한다. 길이를 기준으로 보면, 지구 표면에서 단일한 지질학적 구조물로는 가장 큰 형상이라 할 수 있다. 또한 해저 지도를 펴서 선으로 중앙해령의 윤곽을 따라가면, 그 선은 태평양, 대서양, 인도양 전 세계 바다를 모두 돌고, 심지어 남극 둘레를 돌아서 북극의 바다 밑까지 연결될 정도다. 물론 이런 연결이 모두 균일할 수는 없다. 빈 공간들이 듬성듬성 사이에 끼어 있는 곳도 있고, 해령의 축이 변환단층으로 어긋나는 곳도 자주 나타난다. 한편, 배호분지는 현재 서태평양에 밀집 분포하고 있다. 해양판이 다른 판과 만나 그 판의 아래로 끌려 내려가는 섭입 과정에서 일어나는 반작용으로 위에 놓인 판이 수평적으로 확장된다. 이것이 배호분지에서 발생하는 지질작용이다. 상부 판의 확장은 맨틀의 상승과 용융을 동반하고 있어서 해저에 열수분출공을 만든다. 서태평양의 배호분지를 좀 더 살펴보면, 그 구조는 지리적으로 띄엄띄엄 떨어진 조각 구조를 이룬다. 중앙해령과 비교해 연결성은 훨씬 약하다. 이런 특성을 갖는 연결성은 열수분출공 주변에 서식하는 생물들의 분포와 고유성에 큰 영향을 끼친다.

태양 빛을 이용해 광합성하는 육상 생태계, 마찬가지로 광합성에 기반한 바다의 표층 생태계와는 달리, 심해의 열수 생태계는 해저 지각의 틈을 뚫고 분출되는 열수에 포함된 다량의 화학물질이 지닌 화학에너지를 기반으로 형성된다. 열수와 함께 분출되는 수소H_2, 메탄 CH_4, 황화수소H_2S와 같이 환원된 무기화합물들은 열수 주변에 서식하는 박테리아에 의해 산화되면서 에너지를 발생시키고 이 에너지는 다시 박테리아에 전달된다. 그 박테리아는 산화 에너지를 이용해 바닷물에 포함된 이산화탄소CO_2를 고정함으로써 유기물질을 합성해 생존한다. 지구 내부에서 열수에 섞여 분출되는 화합물의 에너지를 이용해 유기물을 합성하는 방식을 일컬어 화학합성이라고 한다. 그리고 이 화학 에너지를 이용해 유기물을 합성하는 박테리아를 화학합성 독립영양 박테리아라 명명한다.

열수분출공 주변 생태계의 1차 생산자는 다름 아닌 이 독립영양 박테리아들이다. 이 박테리아들은 광합성에 기반을 둔 육상의 식물에 해당한다. 그런데 화학합성 기반 1차 생산자는 다른 생물들에게 영양과 에너지를 어떻게 제공할까? 흥미로운 사실은 열수분출공 주변에 서식하는 무척추동물들이 화학합성 독립영양 박테리아들과 공생 관계를 맺음으로써 기본적인 영양과 에너지를 공급받고 있다는 점이다. 예를 들어 심해 열수 연체동물인 홍합은 자신의 아가미 세포 안에 황 산화 또는 메탄 산화 공생 박테리아를 넣은 채 살면서 세포 내에서 용해시켜 영양분을 흡수한다. 이러한 세포 내 공생 관계는 심해 열수 조개, 고둥, 관벌레 등에서 광범위하게 관찰된다. 환형동물인 열수 관벌레의 경우는 자체적인 영양 섭취를 전혀 할 수 없어서 소화기관이 소멸한 극단적인 해부학적 진화를 보여준다. 세포 내 공생 관계 외에 자기 몸에 박테리아들이 붙어 자라게 함으로써 그 박테리아를 먹이로 삼는 열수생물들도 관찰된다. 일례로 열수 새우류와 게류가 이런 특성을 보인다. 따라서 마그마 활동의 변동에 따라 열수 공급이 중단될 경우에는 화학 에너지원이 끊겨 1차 생산활동 역시 멈추게 되고, 그곳의 열수 생태계 또한 시들 수밖에 없다.

같은 중앙해령이지만 너무 다른 태평양과 대서양

심해 열수 생태계의 서식지 불안정성을 유발하는 지질학적 특성은 판의 확장 속도와 밀접한 관련이 있다. 판이 빠르게 확장하는 해령에서는 화산활동이 활발하고 이와 함께 지진이나 화산 폭발 등으로 인해 기존의 열수생물들이 서식하던 열수분출공이 쉽게 파괴된다. 그와 동시에 새로운 열수분출공이 쉽게 형성되기도 한다. 결과론적으로 볼 때, 새로운 열수분출공의 잦은 형성으로 인해 열수생물의 서식지는 지리적으로 서로 가깝게 위치하게 된다. 일례로 마그마 활동이 지구상에서 가장 많고 판의 확장 속도도 가장 빠른 지역(연간 140mm 이상)에 속하는 남동태평양 중앙해령에서 열수 생성의 지리적 간격이 매우 조밀하다는 것이 그 증거의 하나다. 해저화산 폭발로 인해 약 10년 단위로 생물 군집이 절멸되는 것도 관찰된 바 있다. 반면에 판이 느리게 확장되는 해령에서는 화산활동에 의해 열수분출공이 파괴되거나 새롭게 형성되는 경우가 굉장히 드물다. 이 때문에 열수생물의 서식지 간 지리적 거리는 상대적으로 멀리 떨어질 수밖에 없다. 예를 들어 대서양과 같이 확장 속도가 느린 지역(연간 20~50mm)에서는 열수 생성 빈도가 낮고 열수지역이 매우 멀리 떨어져 있다는 점이 그러하다.

열수분출공의 지리적 분포와 더불어 시간적 지속성도 지역에 따라 차이를 보인다. 남동태평양 중앙해령처럼 마그마활동이 활발한 지역에서는 빈발하는 용암 분출로 인해 열수분출공 자체의 생성과 사멸 속도가 빠르다. 반면 중간 정도나 느린 확장 속도를 갖는 해령에서 열수분출공의 지속 시간은 무려 1,000년 이상으로 추정된다. 대서양 레인보 열수분출공과 북동태평양 환드퓨카 열수분출공이 그 한 예일 수 있다. 이러한 시공간적 특성은 열수분출공 주변에 서식하는 생물들의 지리적 연결과 분산에도 영향을 주고 있다.

열수 공급 불안정을 고려한 진화

열수활동이 전혀 없는 불모지에서는 서식지 단절이 일어날 수밖에 없다. 그런데 열수 공급 측면에서도 불안정성이 존재하는 심해 열수 환경에 적응하기 위해 열수 동물들은 공통적으로 몇 가지 특징을 지니도록 진화해왔다. 새로운 서식지로의 정착을 위해 먼 거리를 이동할 수 있는 능력이 발달했으며, 새로운 서식지에 정착한 후에는 불안정한 환경에 생존하기 위해 빠르게 성장하는 한편 이른 시기에 생식 가능하도록 진화한 것이다. 이러한 특징들과 관련해서 심해생물학자들은 심해 열수동물을 육상 생태계의 '잡초'에 비유하기도 한다. 그러나 생물의 생활사적 특징들은 종에 따라 서로 달라서 동일한 심해 열수 환경이라 하더라도 생물종마다 다른 지리적 연결성을 보인다.

생물학적 특성들 가운데서도 유생 시기의 이동은 생물종의 지리학적 분포와 밀접하게 연관된다. 대부분 심해 열수 무척추동물은 유생 시기에 해류를 타고 이동하고, 새로운 서식지에 정착한 뒤에 성체로 성장하는데, 이때부터는 더 이상 이동하지 않기 때문이다. 유생 시기 동안의 이동 거리가 어느 정도인지는 각각의 생존 기간과 해류를 타고 이동하는 방식 등을 고려해서 예측할 수 있다. 대표적으로 전 세계 대양에서 흔히 관찰되는 심해홍합의 경우를 예로 들 수 있다. 심해홍합은 유영 가능한 플랑크톤 영양성 유생planktotrophic larva 시기를 거친다. 특히 심해홍합은 이동하는 동안 섭식이 가능하므로 더 오랜 기간 생존할 수 있고, 자유 유영을 통해 먼 거리의 서식지까지 이동할 수 있을 것으로 예측된다.

한편, 또 다른 심해 열수생물 중 하나인 관벌레를 예로 들 수 있다. 관벌레는 난황 영양성 유생lecitotrophic larva 시기를 거친다. 유생 시기에 관벌레는 난황에 포함된 영양분을 사용하면서 대략 6주 정도 생존하는 모습이 관찰되었다. 동태평양 심해 해류의 흐름을 고려했을 때, 관벌레는 약 100~200km를 이동할 수 있는 것으로 추산된다. 동태평양 해령을 기준으로 볼 때 이 거리는 새로운 서식지를 찾기에 충분한 거리다. 동태평양에서 관찰되는 환형동물 다모류인 폼페이 벌레 역시 관벌레와 마찬가지로 난황 영양성 유생 시기를 거치지만, 알의 무게가 훨씬 무겁기 때문에 해류를 타고 이동하는 데는 제약이 따른다. 그런데도 폼페이 벌레는 수온이 2℃ 아래로 떨어지면 유생 발달이 정지된 채로 있다가 수온이 다시 올라가면 그때 계속 발달한다는 것이 실험실 실험을 통해 증명되었다. 이런 발달 과정의 특성은 심해 열수생물의 유생이 장기간에 걸쳐 새로운 서식지로 이동할 수 있다는 가능성을 말해준다. 수온 저하로 발달을 멈추고 이동 시간을 확보한 유생은 수온이 상승하는 환경을 만나기 전까지는 이동할 수 있기 때문이다.

지리적 특성이 뚜렷한 열수생물

심해 열수생물들은 해령의 지질학적 특성 외에도 주변 지역 해류의 흐름, 서식지의 수심, 지형학적 특성 등의 영향을 받음으로써 지리적으로 분화된 분포를 보인다. 생물들의 이동을 가로막는 물리적 요인들을 일컬어 물리적 장벽이라 한다. 물리적 장벽의 종류는 지역마다 환경적 특성에 따라 달리 나타난다. 앞서 설명했듯이, 생물종의 생활사적 특징에 따라 이동 장벽의 효과가 다를 수 있다. 물리적 장벽의 영향은 동태평양 지역에서 발견된 다수의 종을 통해 연구가 많이 이루어졌다. 이 지역 생물들의 사례를 살피면 다음과 같다.

동태평양 중앙해령을 따라 북쪽에서 남쪽으로 내려가다 보면, 적도 부근에 '헤스 딥Hess Deep'이라는 열곡을 만난다. 열곡은 두 개의 평행한 단층 사이에 형성된 좁고 긴 골짜기로, 헤스 딥 열곡의 수심은 6,000m 정도이며, 이 골짜기가 동태평양 해령의 북쪽 지역과 남쪽 지역을 가로지른다. 동태평양 열수지역에 서식하는 심해홍합 및 폼페이 벌레, 그리고 복족류에 속하는 여러 종의 달팽이와 삿갓조개는 지형적 특성으로 인해 이동의 제약을 받아서 북쪽과 남쪽 지역으로 분화된 지리적 분포를 보인다. 이와 대조적으로, 같은 지역에 서식하는 리프티아 속 관벌레와 심해홍합에 공생하는 비늘갯지렁이는 물리적 장벽의 영향을 거의 받지 않는다. 이러한 종 특이성 효과는 다른 해령에 서식하는 열수생물 연구에도 시사하는 바가 크다.

40년 이상 행해진 심해 열수지역 탐사의 역사가 입증한 바에 따르면, 열수생물들의 생물지리적 특징 중 대표적인 것은 지역 고유성이 높다는 점이다. 지역 고유성은 하나의 종이 어느 특정 지역에 국한되어 분포한다는 의미다. 열수생물종들은 평균 약 70%가 특정 지역에서만 발견되고 다른 지역에서는 발견되지 않는다. 이러한 특성을 광역적 관점에서 보면 열수생물들의 생물지리구역biogeographic provinces을 거리와 지역에 따라 구분할 수 있다. 전 세계 심해 열수분출공에 서식하는 생물 군집은 지역 간 생물들의 종류를 비교해 5~6개의 생물지리구역으로 구분하기도 하고, 또 연구자에 따라 최대 11개 구역으로 구분하기도 한다(그림 2). 가장 간단하게 구분하면, 대서양 중앙해령, 인도양 해령, 서태평양, 북동태평양, 동태평양 해령으로 나눌 수 있다.

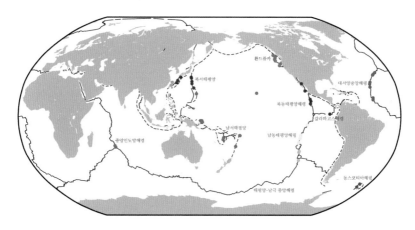

[그림 2] 전 세계 열수분출공 생물들을 11개 생물지리구역으로 표시한 지도(Rogers et al. 2012 PLoS Biol 10(1) e1001234 논문에서 개정). 동그라미에 색을 칠한 것은 탐사와 생물 연구가 진행된 열수분출공을 나타낸다. 같은 색으로 표시된 열수분출공은 서식 중인 생물종들이 서로 비슷하여 같은 생물지리구역으로 묶은 것이다. 그림 1에 표시된 열수분출공과 비교해 표시한 곳이 적은 이유는 그림 2에서는 생물상 조사 후 상호 비교가 가능한 곳만 표시했기 때문이다.

비교 연구에 포함하는 지역의 지리적 범위, 생물의 수, 생물의 계통학적 분류 수준 또는 비교 분석에 사용하는 통계 모델의 종류 등으로 인해 연구 간에 차이는 존재하지만 대체로 큰 지역별로는 생물상이 한 그룹으로 묶일 수 있는 양상을 보인다. 중앙해령의 구조적 특성상 바다 전체로 보면 열수 서식지는 극히 일부 영역에 제한되고 상당히 먼 거리로 떨어져 존재한다는 점이 구역 구분의 일차적인 기준이다. 이는 열수생물 자체가 전반적으로 이동 거리에 분명한 한계를 갖고 있기 때문이다.

2020년 인터리지의 데이터베이스InterRidge Vents Database Version 3.4에 업데이트된 정보에 따르면, 1977년 갈라파고스 제도 근처에서 열수분출공이 최초로 발견된 이후 현재까지 700개 이상의 열수분출지역이 발견되었고, 아직 확인되지는 않았지만 약 600개 이상의 열수지역이 더 존재할 가능성이 예상된다 출처: Beaulieu and Szafrański. 2020 Pangaea, https://doi.org/10.1594/PANGAEA.917894. 심해 열수 생태계의 생물지리학적 분포에 관한 각종 정보는 앞으로 이어질 지속적인 탐사와 연구를 통해 새롭게 발견될 열수지역과 생물상에 관한 연구 성과로 계속 업데이트 될 것이다.

심해 열수생물의 극한 환경 극복기

유옥환, 강수민

온천수가 나오는 지역은 사람과 동물 모두 선호하는 곳이다. 특히 추운 겨울이면 다른 곳보다 주요 관광지로 주목받아 많은 사람들이 몰려드는 곳이 온천 지역이다. 심지어 원숭이도 겨울에는 온천욕을 즐긴다. 이는 온도가 생물이 살아가는 데 매우 중요한 요인으로 작용하기 때문이다. 사람처럼 일정 체온을 유지할 수 있는 항온동물은 다양한 온도 변화에도 적응하며 살 수 있지만, 생물 대부분은 외부의 온도와 체내의 온도가 비슷한 변온동물인 터라 각자 선호하는 온도 범위 내에서만 살 수 있고, 급격한 온도 변화는 생물들의 생존에 치명적인 영향을 준다.

해양에서 살아가는 생물 대부분도 해수의 온도 변화에 따라 서식지가 결정된다. 수심 200m 이상 심해의 경우, 연중 해수 온도는 4℃

이하로 일정하게 유지되지만, 이곳에서 살아가는 생물들의 종류는 연안역_{해안선을 경계로 특정 범위의 해안지역과 육지지역으로 구성된 공간}보다 훨씬 빈약하다. 해양생물의 생존에 큰 영향을 미치는 또 다른 요인은 먹이의 양과 호흡에 필요한 공기의 양이다. 대체로 먹이의 양이 풍부한 연안역은 다양한 생물이 온전하게 생존할 수 있는 환경을 제공한다. 그에 반해 먹이의 양이 부족한 심해의 경우는 아주 제한된 생물만 서식할 수밖에 없다. 또한 심해에는 생물의 양이 많지 않기 때문에 공기의 양은 생물이 살아가는 데 부족함이 없다. 이런 생존 환경은 연안에 가까울수록 생물 다양성이 증가하고, 심해로 갈수록 생물 다양성이 감소하는 경향과 직결된다.

심해생물에 필요한 환경

19세기 후반 챌린저호의 대양 탐사 이후 심해에도 생물이 서식한다는 사실이 알려졌다. 또한 탐사 기술의 발달에 힘입어 심해에서 살아가는 생물들이 다양하다는 것도 밝혀졌다. 그럼에도 연안과 달리 심해생물을 찾아내기란 현실적으로 쉽지 않다. 심해는 수온도 낮고 먹이도 풍부하지 않아 생물이 적응해 살아가기에 극한 환경인 탓이다. 심해생물은 넓은 서식 지역에 비해 제한된 먹이량으로 인해 이합집산하며 살아간다. 즉 먹이가 있으면 모여들어 먹이를 나눠 먹지만, 먹이가 사라지면 뿔뿔이 흩어지는 경향이 있다. 그런 탓인지 심해생물들의 먹이 경쟁은 치열하지 않다. 심해 퇴적물에 서식하는 많은 무척추동물의 서식지도 흥미롭다. 이들은 주로 플랑크톤에 의해 만들어지는 입자로 된 유기물을 주요 먹이원으로 하고 있어 심해로 떨어지는 유기물이 쌓이는 퇴적물 위에 서식하는 특성이 있다.

1977년 태평양 심해 중앙해령 부근에 위치한 굴뚝 모양의 암반에서 고온의 해수가 관측된 바 있다. 특히 이곳에 많은 생물이 모여 있는 것이 처음으로 발견되었다. 사실 이곳은 일반적으로 해양생물이 서식할 수 있는 심해 환경 특징이 아니다. 무려 300℃ 이상의 고온에 높은 황화수소와 메탄, 수소가 존재하고 있기 때문이다(일반적으로 물은 100℃ 이상에 끓는 현상이 나타나지만, 심해의 높은 기압으로 인하여 물은 끓지 않는 특징을 지닌). 더욱 놀라운 점은 굴뚝 모양의 암반 주위로 지금까지 발견되지 않은 다양한 생물들이 높은 밀도로 서식하고 있다는 사실이다. 흥미롭게도 이곳에서 발견된 여러 생물 가운데는 입과 소화관을 갖고 있지 않은, 아가미 모양의 관을 수 미터로 뻗은 밀집된 관상동물이 있었고, 새하얀 게와 물고기 등도 무리 지어 분포했다(사진 1).

심해 열수지역에 서식하는 대표적인 생물은 거대한 이매패류와 관벌레다. 이들은 공생하는 박테리아로부터 먹이를 얻는데, 이 박테리아는 주로 높은 수온의 해수에 포함된 황화수소를 영양분으로 삼는다. 따라서 황화수소 박테리아는 고온의 열수에서 최적의 서식 조건을 갖춘 종으로, 열수생물 내의 아가미 같은 부속지동물의 몸통에 가지처럼 붙어 있는 기관이나 부분 안에 공생하면서 열수생물에게 에너지를 공급한다.

[사진 1] 심해 열수 환경의 굴뚝 모양 암반 주위에는 수많은 생물이 살고 있었다.

해양생물의 먹이망 구조 가운데서 가장 낮은 단계를 차지하는 1차 생산자인 식물플랑크톤은 태양 에너지를 먹이원으로 이용한다. 하지만 빛이 없는 열수지역에서는 열수분출공에서 방출되는 황화수소, 수소, 메탄 등을 에너지원으로 하는 박테리아가 열수 생태계의 1차 생산자 역할을 담당한다. 한편, 해양생물은 1차 생산자인 식물플랑크톤을 섭식함으로써 에너지를 공급받지만, 열수생물은 박테리아를 직접 섭식하지 않고 아가미에 공생하는 박테리아로부터 에너지를 공급받는 특성이 있다.

온누리 열수지역에 사는 생물들

심해 열수에서 출현하는 열수생물은 열수분출공에서 뿜어져 나오는 해수의 온도와 열수에 포함된 화학성분에 따라 종의 종류가 다르다. 이와 같은 이유로 현재까지 환경 조건이 다양한 열수 탐사가 진행되고 있는데, 우리나라는 2018년에 처음으로 인도양 중앙해령에서 새로운 열수공을 발견했다. 인도양에서 네 번째로 발견된 이 열수공을 온누리 열수지역으로 명명했다.

새롭게 발견된 온누리 열수지역에서는 수온이 높지 않은 아지랑이 형태의 열수가 열수공에서 분출되고 있었지만, 일반적으로 잘 알려진 높은 온도의 블랙 스모크를 내뿜는 열수 기둥은 보이지 않았다. 온누리 열수지역에서는 고온 열수공에서 서식하는 열수생물(관벌레, 비늘발고둥 등)은 보이지 않고, 저온 열수공에서 서식하는 홍합류와 따개비류, 갑각류 등이 주로 발견되었다. 이들 생물은 열수가 나오는 주변에 소규모의 집단 분포 형태를 넓은 범위에서 보였다(사진 2).

인도양 공해상의 중앙해령에 서식하는 열수생물은 대서양 열수생물과 태평양 열수생물의 특징을 동시에 갖고 있다. 인도양 열수공 우점종인 새우류(리미카리스 엑소쿨라타)는 대서양 열수지역과 유사성이 높지만, 복족류나 이매패류와 같은 열수생물은 태평양 열수생물과 밀접한 관계가 있어 보인다. 2019년까지 인도양 온누리 열수지역에서 채집된 열수 대형저서동물은 총 33종인데, 지금까지 발견된 인도양 열수공 중에서 카이레이 열수지역 다음으로 높은 생물 다양성

[사진 2] 열수분출공에 모여 사는 생물들.

을 보인다. 온누리 열수지역에서는 세 종의 연체동물(*Bathymodiolus marisindicus, Alviniconcha sp. Gigantidas vrijenhoeki*)과 갑각류에 속하는 장님게(*Austinograea rodriguezensis*) 한 종의 개체수가 가장 많고, 이들 종 가운데서도 고둥류(*Alivniconcha sp.*)는 열수가 분출되는 침니와 가장 가까이 분포해 서식하고 있다(사진 3). 특히 심해홍합(*Gigantidas vrijenhoeki*)은 온누리 열수지역에서 서식하는 열수생물 중 세계 최초로 보고된 새로운 종이다. 이렇듯 온누리 열수지역에 살고 있는 다양한 열수생물들은 인도양 열수지역에서 출현하는 열수생물들이 다른 대양의 열수지역과 비교해 출현하는 종도 다르고 차이도 크다는 사실을 알려준다.

온누리 열수지역에서 서식하는 우점종의 하나인 장님게류를 채집

[사진 3] 온누리 열수계의 우점종 네 종.

해 선상과 육상에서 6개월 이상 배양했다(사진 4). 가장 먼저 확인할
수 있었던 것은 깊은 수심에서 표층으로 올렸을 때 열수생물이 변화
되는 압력에 크게 영향받지 않고 잘 적응한다는 사실이었다. 또한 서
식지역의 수온을 유지해주고 공생 박테리아가 포함된 심해홍합을 먹
이로 제공했을 때 열수생물은 생존에 큰 영향이 없다는 점도 확인했
다. 그러나 연안에서 서식하는 홍합을 먹이로 제공하자 열수생물이
곧바로 죽었다. 이는 열수지역에 사는 열수생물들의 먹이는 열수생물
내부의 박테리아와 긴밀한 관계가 있다는 것을 시사한다. 결국 열수
생물 내부의 박테리아는 그들의 서식지역 열수공에 잘 적응해 살 수
있게 만드는 독특한 생존 전략으로 판단된다.

열수분출공 주변에는 게, 새우, 조개 등 우리가 눈으로도 충분히
볼 수 있는 큰 생물과 눈으로는 볼 수 없는 유생, 미생물까지 다양한

[사진 4] 선상 실험실에서 장님게 등의 배양을 시도하고 있다.

생물들이 살아가고 있다. 특히 열수분출공의 생물들은 햇빛이 닿지 않은 곳에 서식하는 관계로 포식자로부터 몸을 보호할 보호색이 필요 없고, 서식지 자체가 너무 어두워서 식별할 눈도 필요 없으므로 대부분은 눈이 퇴화했다. 장님게의 경우 하얀 외골격을 갖추었으며, 유생 때 있었던 눈이 성장하면서 퇴화해 소멸하는 것도 이런 이유 때문이다.

장님게의 수명은 약 10년 정도로, 연안에 사는 게의 수명보다 훨씬 길다. 장님게는 심해의 열악한 먹이 섭식 환경에 적응해 살아가고 있는데, 34일 동안 먹이가 없는 환경에서도 생존하는 능력을 갖고 있다. 이러한 능력은 불규칙한 열수분출공의 먹이 환경 변화에 따른 그들만의 생존 전략으로 보인다. 장님게의 외골격과 아가미에는 많은 화학합성 박테리아가 존재하는 것이 특징적이다. 이들 박테리아는 열수분출공 주변에 서식하는 장님게의 표면에 붙어서 살면서 열수분출공에서 뿜어져 나오는 화학물질을 얻고, 장님게는 이들을 섭식함으로써 서로 공생 관계를 맺고 있다. 그뿐만 아니라 장님게는 열수 생태계에서 포식자로 군림하면서 죽은 조개, 새우 등도 먹는다. 놀라운 것

[사진 5] 비늘발고둥.

은 장님게가 열수분출공 주변의 그 뜨거운 온도와 압력을 어떻게 견디며 생존하고 있느냐. 그 비밀은 장님게의 세포 속 효소가 고온에서도 견딜 수 있도록 적응한 것과 연관되며, 압력에도 충분히 이겨낼 정도로 장님게의 외골격 구성성분 비율이 일반적인 연안의 게와는 큰 차이가 난다는 점에서 알 수 있다.

　한편, 열수 연체동물(고둥, 조개 등)은 관벌레와 유사한 생활사를 가진 것이 특징적이다. 다른 고둥과 달리 이들은 심장 역할을 하는 확장된 순환계를 지닌다. 이 순환계는 연체동물의 몸속에 있는 공생 박테리아에게 산소와 황화수소를 공급한다. 그런데 비늘발고둥scaly-foot snail은 인도양 열수분출공 해역에서만 발견되는 고둥으로, 일반 고둥과는 외형이 전혀 다르다(사진 5). 껍질은 황화철로 이루어져 있고 발은 철광석으로 된 철갑 모양이다. 이 특이한 발은 외부의 위협으로부터 자기방어를 위한 것으로 추측된다.

배양을 통해 그들의 비밀에 한 발 더 다가서다

열수생물이 지닌 특이하면서도 다양한 생존 전략을 연구하기 위해 여러 나라 해양 연구자들이 나섰다. 일본과 프랑스 등에서는 열수 분출공에서 채집한 생물의 배양을 위한 열수생물 인공 배양 시스템 등을 개발해 1년 이상 배양하는 데 성공했다. 우리나라도 열수생물의 특이한 생존방식과 비밀에 싸인 생활사를 이해하고자 열수 배양 시스템 개발 연구를 진행하고 있으며, 열수생물 중 하나인 장님게를 육상에서 6개월 이상 배양하는 데 성공했다(사진 4: 육상 배양 시스템). 이 연구가 착실히 진행될 경우, 미래에는 사람들이 수족관에서 쉽게 접하기 힘든 심해생물과 열수생물을 직접 관람할 기회가 올 것이라 믿는다.

열수 환경은 지구 탄생 초기의 환경과 유사해 우주에서 생명체를 탐사하는 데 필요한 환경으로 구성되어 있다. 그런즉 열수생물의 독특한 생존 전략은 전 세계 많은 연구자의 주요 관심사다. 특히나 열수생물의 대사 과정에서 발생하는 물질이나 열악한 환경에서 생존하기 위해 개체마다 몸에 지닌 물질들 가운데는 인류가 아직까지 밝히지 못한 신물질들이 포함되어 있을 가능성이 크다. 심해 열수생물들이 살고 있는 열수 환경이 해양의 마지막 보고가 될 것이라 기대하며, 해양과학자들은 전 세계 바다의 다양한 심해 열수지역에서 우리의 상상을 뛰어넘는 신물질을 발견하기 위해 지금도 한창 연구를 진행하고 있다.

화려한 패셔니스트
열수생물

민원기, 노현수

수심 2,000m보다 깊은 인도양의 열수분출공이 존재하는 곳은 수온 2℃의 엄청나게 차가운 바닷속이기도 하면서 압력 역시 대기압의 200배가 넘는 초극한 환경이다. 또 빛이라고는 1%도 없는 암흑세계다. 맨눈으로는 아무것도 볼 수 없다. 잠수정으로 빛을 비추어 보면 온통 흙색이고, 검거나 회색으로 이루어진 기암괴석이 존재한다. 바로 열수분출공이다. 300℃가 넘는 시커먼 연기를 쉴 새 없이 분출하는 열수로 가득한 곳에 열수분출공이 자리하고 있다. 게다가 이곳에는 생물도 살고 있다. 여기까지 읽고 나서 아마 상상력을 발휘하는 독자도 있을 것이다. 이런 곳에 사는 생물들은 분명 칙칙한 색상에 온갖 공포심을 불러일으키는 생김새를 하고 있거나, 화성을 소재로 한 SF영화에 나오는 괴물 같은 것을 떠올릴지 모른다.

[사진 1] 암흑의 극한 심해 환경에서도 다채로운 색상들을 가지고 있는 열수생물 군집(인도양 온바다 열수지역).

그런데 아니었다. 실제 열수 생태계를 심해잠수정으로 조사해보니, 우리가 상상하는 것과는 전혀 달랐다. 뜨거운 물을 쏟아내는 열수분출공을 생활 터전으로 삼고 살아가는 열수생물들은 우리의 상식과 편견을 넘어섰다. 열수생물들은 저마다 신기했고 예쁘고 화려한 색상의 외투를 두르고 있었다. 순백색의 깔끔한 옷을 입은 게와 고둥들, 반투명한 껍질에 빨간 반점과 주황색 알을 품은 새우 떼, 선홍색 아가미를 지닌 관벌레들, 푸른빛이 감도는 예쁜 껍질로 무장한 털 달린 고둥들과 노란색 껍질로 된 홍합류, 무지갯빛으로 빛나는 비늘을 갖춘 비늘갯지렁이들…. 형형색색의 열대어들 못지않게 열수생물들의 모습들은 기상천외했다. 한마디로 그들은 놀라운 패션 감각을 지닌 신비의 패셔니스트fashionist들이었다.

[사진 2] 순백의 아름다운 색상을 가지고 열수분출공 주변에서 살아가는 피모린셔스 *Phymorinchus* 고둥류(위쪽). 하얀 몸의 색을 꼭 닮은 흰색의 원형 알집을 주변 바위에 붙여서 번식하는 생존전략을 가지고 있다(아래쪽).

[사진 3] 열수분출공 주변을 맴돌면서 먹잇감을 찾고 있는 푸른 빛의 심해은상어류. 패션쇼에서 워킹하듯이 우아하게, 그리고 천천히 존재감을 드러낸다.

심해생물들은 빛 없이도 볼 수 있을까

이렇게 다양한 열수생물의 색은 어디서 왔을까? 생물의 색을 결정하는 것은 몸속이나 표피에 지닌 '색소'에서 비롯된다. 털과 피부색을 결정하는 멜라닌 색소, 붉은빛을 띠는 베타카로틴 색소, 가령 사람의 혈액 속 헤모글로빈에 포함된 색소 등이 외부로 드러나는 색을 결정한다. 결국 다양한 종류의 색소와 그 양에 따라 몸의 색상이 각각 달리 나타나는 것이다. 실제로 우리가 이런 다양한 색을 인지하려면 무엇보다 먼저 빛이 필요하다. 인간의 눈으로 인지할 수 있는 빛은 대략 380~780nm 파장대의 가시광선 영역이다. 여기에 생물 표면의 특수한 구조에 따라 특정 파장을 가진 빛의 반사와 산란 특성에 의해 우리가 가시적으로 인식할 수 있는 색상이 결정된다.

그렇다면 생물의 색소는 어떤 기능을 할까? 일반적으로 동물의 피부색은 생존 전략과 관계된다. 몸의 색상이나 무늬를 이용해 천적을 회피하거나 주변의 색으로 위장하기, 짝짓기할 때 자신을 돋보이게 하거나, 필요에 따라 특정 파장의 색을 흡수하는 등의 기능을 한다. 그러나 우리 인간이 볼 수 있는 빛의 파장대와 해양생물들이 감지할 수 있는 빛의 파장대는 동일하지 않다. 일부 어류들은 사람들이 인지할 수 없는 자외선까지 구분할 수 있다. 또한 수심이 깊을수록 햇빛으로 생겨난 여러 빛 중에서 적색에 가까운 색은 거의 사라지고 푸른빛만 남게 되며, 빛이 거의 없는 수심 200m 이상부터는 암흑의 세계가 시작된다.

심해생물은 왜 빛을 낼까?

빛이 없어 시각이 제대로 기능하지 못하는 심해의 열수분출공 주변에 어떻게 이토록 화려하고 다양한 색을 지닌 생물이 서식하는 것일까? 빛을 내는 기능을 지닌 심해생물의 생존 전략에 관해서는 밝혀진 사례가 일부 있지만, 심해생물의 다양한 색상이 하는 역할은 여전히 비밀에 싸여 있다.

자기 몸에서 스스로 빛을 내는 생물은 소화기관에서 발광하는 경우인데, 대체로 몸속에 공생하는 발광박테리아의 군체를 통해서 나오는 빛이다. 생물발광은 루시페린luciferin으로 알려진 발광색소light-emitting pigment를 사용하며, 이때 에너지를 빛으로 바꾸는 이 화학반응은 루시페라아제luciferase로 불리는 효소의 도움을 받는다. 이 과정은 화학 에너지를 빛으로 변환시키는 과정이다. 우리가 잘 아는 일반적인 에너지의 변환인 전구를 예를 들어보자. 전구에 전기를 보내면, 전기 에너지가 빛 에너지로 바뀔 때 열도 함께 발생한다. 이때 열로 소비되는 에너지가 상당한데, 생물발광은 에너지 효율이 극도로 높다. 백열전구보다 약 40% 정도 더 높고, 최고 성능의 형광등이나 LED 전구보다도 높다. 그뿐만 아니라 바다생물들은 네 종류 이상의 루시페린을 갖고 있다. 이를 이용해 초록빛을 내는 육상의 반딧불이와 달리 물속인데도 먼 곳까지 도달할 수 있는 푸른빛을 만들어낸다. 그런데 이 효소가 동일한 문phylum 내의 종species들 사이에서도 구조가 다를 뿐만 아니라, 변종 간에도 유사성이 거의 없다는 점이 특이하다.

[사진 4] 열수분출공 생물의 대명사 관벌레 군집(왼쪽). 갯벌에서 볼 수 있는 갯지렁이와 같은 종류인데, 생김새가 사뭇 다르다. 두드러진 붉은색 아가미에 공생 박테리아를 가지고 에너지와 영양분을 공급받는다(오른쪽).

이러한 독특한 빛을 심해에서 어떻게 인식할 수 있을까? 최근 심해 생물의 색 감지에 관한 신기한 연구 결과가 나왔다. 사람의 눈에는 색을 구분할 수 있는 원추세포와 빛을 감지하는 간상세포가 있다. 그러나 간상세포만 지닌 심해어는 색을 감지하지 못할 것이라는 지금까지의 연구가 뒤집혔다. 몇몇 연구 논문을 통해 다양한 종류의 심해어류 눈에서 갖가지 간상세포 색소 유전자가 존재한다는 사실이 밝혀진 것이다. 실버 스피니핀silver spinyfin이라는 심해어류에서는 무려 38개의 특정 간상세포 색소 유전자가 발견되었다. 이를 밝혀낸 연구자들은 "이들이 지닌 옵신opsins: 빛에 민감한 단백질은 서식지에서 사는 발광생물이 방출하는 빛의 스펙트럼과 일치되도록 조정되어 있었다"고 보고했다. 심해어류가 우리 눈이 볼 수 없는 파장과 발광하는 색상을 감지할 수

[사진 5] 열수분출공 주변의 암석의 틈이나 표면에서 쉽게 볼 수 있는 비늘갯지렁이류. 붉은색의 몸체에 반짝거리는 무지갯빛 비늘을 갑옷처럼 덮고 있다.

있는 능력을 함께 갖춘 것일까? 만약 그렇다면 일반 심해생물에 비해 서식 밀도가 매우 높은 심해 열수생물들의 다양하고 화려한 색상은 또 어떤 의미일까? 이 의문을 풀기 위한 접근은 아직까지 진행되지 못하고 있다. 이렇듯 열수생물의 신기한 삶과 생명현상은 앞으로 더욱 더 심층적 연구가 요구되며, 이를 통해 밝혀내야 할 열수 생태계 전체를 아우르는 종합적인 연구는 우리 인류에게는 피할 수 없는 숙제다.

열수 생태계의 숨은 조력자, 원생생물

김영옥, 최정민

극한 환경이란 생물이 생존하기 힘든 혹독한 환경을 말한다. 육상의 경우는 극지방의 저온 환경과 화산대, 온천 주변의 고온 환경이 대표적인 극한 환경으로 손꼽힌다. 바다에서는 고압과 암흑 환경을 지닌 심해가 대표적인 극한 환경일 수 있는데, 그 가운데서도 특히 심해의 열수공 주변은 고압과 암흑 환경에 고온까지 더해져 삼중고의 극한 환경이라 할 수 있다.

그런데 놀랍게도 이런 극한 환경 속에서도 생명체가 존재한다. 박테리아는 높은 수온, 혹한, 높은 염도, 부족한 산소 등의 여러 악조건 환경에서도 탁월한 적응력으로 생존하는 원핵생물로 알려져 있다. 마찬가지로 진핵생물의 경우도 특이 환경 속에서도 생존 가능한 생물종들이 보고되었다. 그중 단세포생물군인 원생생물의 경우는 극한 환경의 특성에 따라 생물상이 다르게 분포하고, 다세포인 후생생물보다 극한 환경에 훨씬 잘 적응하는 생존 전략을 지닌 생물군이라 할 수 있다. 심해 열수 원생생물은 동태평양 해령 열수역에 14과 15속의 최소 20종이 존재한다는 것이 처음으로 확인되었다(Small and Lynn 1985).

열수공 원생생물의 다양성

해양에서 일어나는 1차 생산은 광합성을 통해 빛 에너지를 화학 에너지로 바꾸는 식물플랑크톤에 의해 이루어진다. 그러나 해양의 깊은 수심에는 빛이 도달하지 않기 때문에 식물플랑크톤의 광합성을 통한 1차 생산은 불가능하다. 이러한 조건에서 1차 생산은 식물플랑크톤을 대신해 주로 박테리아가 담당하며, 화학합성으로 이루어진다. 열수 환경에서 서식하는 박테리아는 물속의 산소를 사용해, 열수 주변에 풍부한 황화수소H_2S를 황산염SO_4^2으로 변화시키는데 이때 방출하는 화학 에너지가 1차 생산의 근간이 된다. 박테리아는 열수 주변에 공존하는 원생생물이나 무척추동물의 먹이원이 되어 열수 생태계 내 먹이사슬의 토대가 된다(그림 1). 일반적으로 원생생물과 무척추동물은 직접 여과섭식을 통해 박테리아를 취하지만, 이들 가운데는 체내외에 박테리아가 공생하는 종류도 발견되었다. 원생생물의 경우, 북동태평양 골다 해령에서 박테리아와 같은 원핵생물의 28~62%를 먹

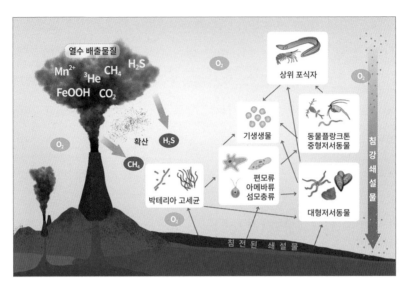

[그림 1] 심해 열수 생태계에서 먹이망 구조와 원생생물의 위치.

이로 소비하고 있어서 열수 생태계에서 원생생물의 존재는 1차 생산자와 육식동물을 이어주는 에너지 전달자로서 매우 중요하다는 것이 밝혀졌다(Hu et al. 2021).

최근 들어 이루어진 심해 탐사를 통해 매우 놀랄 만한 연구 결과가 발표되었다. 심해 탐사에서 발견된 심해 분포 원생생물이 지구에서 다양성이 가장 높은 생물군으로 밝혀졌고, 특히 기생성 원생생물의 다양성이 매우 높은 것으로 보고된 것이다. 다양한 원생생물이 분포한다는 것은 주변 생물과 다양한 관계를 맺으며 함께 살아간다는 뜻이다. 그러므로 심해에서 원생생물의 다양성은 후생동물로의 생태학적 연결에 크게 기여한다는 점을 확인할 수 있다(Schoenle et al. 2021).

고수온과 황화수소로 형성된 특수 환경인 심해 열수공에서도 다양한 원생생물군이 확인되었다. 마리아나 해구의 열수공에 분포하는 원생생물군 유전자는 다른 심해역에서 보고된 유전자와 95%의 높은 유사성을 보였다. 분석 결과, 열수공에만 분포하는 고유종은 드물고 발견된 고유종도 대부분은 신종일 가능성이 크다고 판단되었다(Murdock and Juniper 2019). 따라서 마리아나 해구의 열수공에는 다른 지역 심해에 서식하는 원생생물과 열수공에만 분포하는 원생생물이 함께 발견되었는데, 이 결과를 바탕으로 해석하면 일반적 심해에 분포하는 원생생물은 고온과 황화수소의 열수 환경에서도 생존할 수 있는 가변성이 큰 생물군이라 할 수 있다. 이와 유사한 결과는 캘리포니아만 과이마스 분지의 열수공 주변 퇴적물 시료로 시행된 환경유전자 분석 결과에서도 확인된다. 심해 열수공의 박테리아는 혐기성 환경의 특성이 반영된 생물상을 보였지만, 원생생물의 생물상은 혐기성과 호기성을 모두 포함한 높은 다양성을 보였다(Edgcomb et al. 2002).

열수공 원생생물의 특수성

극한 환경 속에서 서식하는 생물들은 다른 생물과 협력해 살아간다. 이들의 공생은 매우 유익한 생존 전략으로, 공생생활은 심해 열수역에 분포하는 생물들의 일반적 특성이라 할 수 있다. 원생생물 역시 대체로 박테리아와의 공생 관계로 마이크로바이옴microbiome: 몸 안에 사는 미생물(microbe)과 생태계(biome)를 합친 말로, 생물의 몸에 사는 세균, 바이러스 등 각종 미생물을 총칭하며, 이들은 시간의 흐름에 따라 다양하게 변화하며 생물의 건강에 영향을 미친다을 형성하고 있다. 마리아나 심해 열수역의 마이크로바이옴은 전 지구적으로 분포하면서도 타 해역과는 구별된 지역적 특성을 나타내고 있다(Dick 2019).

태평양 동부의 여러 심해 열수역에서 가장 풍부한 원생생물은 부착성 섬모충의 일종인 낭피섬모충folliculinids이다. 이 종은 군집을 형성해 서식하고 있어 마치 푸른 카펫처럼 열수 주변의 암반 기질을 뒤덮고 있다(사진 1). 이 섬모충을 전자현미경을 통해 관찰하자 세포 내외에 박테리아가 공생하고 있는 것을 확인되었다(Kouris et al. 2006). 공생 박테리아와 숙주 원생생물 간의 생리학적 상관관계에 관한 정보는 앞으로 수행할 심해 열수역에 관한 연속 탐사를 통해 한층 더 밝혀질 것으로 기대한다.

태평양과 대서양 심해 열수역에서 수행한 유전자(18S r-RNA) 분석 결과, 기생성 원생생물과 관련된 다양한 염기서열이 검출되었고, 이 열수역에 분포하는 생물들을 숙주로 기생성 원생생물 역시 다양하게 서식한다는 사실이 보고되었다(Moreira et al. 2003).

하지만 유전자 분석 결과의 다양성에 비해 기생 원생생물 실체의 확인은 매우 드물었다. 대서양 중앙해령의 열수역에서 발견된 갑각류에 속하는 응애류mite의 외피에 흡입섬모충suctorian이 기생한다는 것이 관찰되고 나서 열수역 원생생물의 기생생활이 현미경적 자료로 잇

[사진 1] 태평양 동부 심해 열수역(환드퓨카)에 분포하는 낭피섬모충 군집의 푸른 매트 (왼쪽)와 주사전자현미경으로 촬영한 낭피섬모충의 외형(오른쪽) (Kouris 2006, 인용).

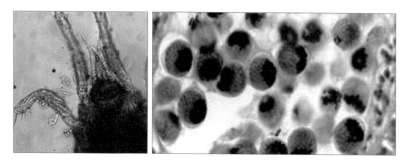

[사진 2] 대서양 중앙해령에서 발견된 숙주 응애류와 외부 기생성 흡입섬모충(왼쪽), 동태평양 열수지역에 서식하는 문어 장내에서 발견된 구포자충(오른쪽).

달아 입증되었다(Bartsch and Dovgal, 2010) (사진 2). 동태평양 열수역에 서식하는 문어류 장내에 기생하는 새로운 원생생물인 구포자충 coccidian은 투과전자현미경에 의해 발견되었다(Gestal et al. 2010) (사진 2). 이러한 심도 있는 연구 추이를 고려하면, 심해 열수역에 서식하는 기생성 원생생물의 유전자 다양성을 뒷받침하는 생물의 실체를 발견하기 위한 연구는 해양과학자들에게 미래의 도전 분야로 다가오고 있다.

─〜〜─ 참고문헌

Bartsch I, Dovgal IV, 2010. A hydrothermal vent mite (Halacaridae, Acari) with a new Corynophrya species (Suctoria, Ciliophora), description of the suctorian and its distribution on the halacarid mite. European Journal of Protistology 46: 196-203.

Dick GJ, 2019. The microbiomes of deep-sea hydrothermal vents: distributed globally, shaped locally. Naure Reviews Microbiology 17: 271-283.

Edgcomb VP, Kysela DT, Teske A, Gomez AV, Sogin ML, 2002. Benthic eukaryotic diversity in the Guaymas Basin hydrotermal vent environment. PNAS 99: 7658-7662.

Gestal C, Oascual S, Hochberg F.G., 2010. Aggregata bathytherma sp. nov. (Apicomplexa: Aggregatidae), a new coccidian parasite associated with a deep-sea hydrothermal vent octopus. Diseases of Aquatic Organisms 91:237-242.

Hu SK, Herrera EL, Smith AR, Pachiadaki MG, Edgcomb VP, Sylva SP, Chan EW, Seewald JS, German CR, Huber JA, 2021. Protistan grazing impacts microbial communities and carbon cycling at deep-sea hydrothermal vents. PNAS 118: e2102674118.

Kouris A, Juniper SK, Frébourg G, Gaill F, 2006. Protozoan-bacterial symbiosis in a deep-sea hydrothermal vent folliculinid ciliate (Folliculinopsis sp.) from the Juan de Furca Ridge. Marine Ecology 28: 63-71.

Moreira D and López-García P, 2003. Are hydrothermal vents oases for parasitic protists. Trend in Parasitology 19: 556-558.

Murdock SA, Juniper SK, 2019. Hydrothermal vent protistian distribution along the Mariana arc suggests vent endemics may be rare and novel. Environmental Microbiology 21: 3796-3815.

Schoenle A, Hohlfeld M, Hermanns K, Mahé F, Vargas C, Nitsche F, Arndt H, 2021. High and specific diversity of protists in the deep-sea basins dominated by diplonemids, kinetoplastids, ciliates and foraminiferans. Communications biology 4:501.

Small EB, Lynn DH, 1985. Phylum Ciliophora Dilfein, 1901. In: Lee JJ, Huntner S, Bovee EC (Eds), An illustrated guide to the protozoa. Society of Protozoologists, Lawrence, Kansas: 393-575.

저서생물 유생으로 알아보는 생존 전략

김민주, 강정훈

평균 수심 2,000m가 넘는 심해에는 열수분출공이 있고 그 주변에는 우리의 상상을 뛰어넘는 생물들이 산다. 저서생물도 그중 하나인데, 이들의 번식 전략은 자못 궁금증을 자아낸다. 관찰하고 연구한 결과, 심해 열수분출공 주변에 서식하는 저서생물은 유생 방출 방법을 번식 전략으로 이용한다는 것이 확인되었다. 이러한 환경에 적응한 심해 조개나 관벌레와 같은 다양한 저서생물은 세균과 공생 관계를 맺어 세균이 만드는 생산물로 에너지원을 확보해서 살아간다. 열수분출공의 상태는 활발하거나 사멸된 상태 또는 그 중간 형태로 구분되며, 생태계가 유지되는 기간은 열수분출공의 상태에 따른다. 그러므로 저서생물은 자신의 유전자를 새로운 열수분출공으로 확장하기 위한 번식 전략의 일환으로 유생을 방출한다.

저서생물의 유생 분산 전략

심해 열수분출공 주변 저서생물의 분산과 관련해 몇 가지 가설이 있다. 우선 크고 건강한 유생이나 알을 생산하기 위해서는 성체가 적합한 크기에 도달해야 하는 '크기 역치' 가설이 있고, 플랑크톤 대발생처럼 먹이생물이 증가해서 저서생물의 번식력과 유생 생산이 증가하는 '에너지 보조' 가설이 있다. 그리고 유생이 성체와 먹이 경쟁을 피하기 위해 다른 먹이그룹을 섭취하는 것으로 알려진 '먹이 지위' 가설도 있다. 이러한 가설을 근거로 열수분출공 주변에 사는 생물들의 생존과 번식을 위한 유생들의 전략을 알아내려면 무엇보다 먼저 유생의 분포 특성 연구가 선행되어야 한다.

이 유생은 일시적으로 부유 생활을 하는 일시성 플랑크톤 과정을 거친다(그림 1). 일부 저서생물의 성체는 부유생물을 섭식해 영양분을 얻는 유생을 생산하며 새로운 환경에 정착하기 전까지 짧게는 몇 주, 길게는 몇 달 동안 표영 생태계에서 섭식하며 성장한다. 그런데 유생의 분산은 저서생물의 지리적 분포 특성, 개체군의 역학과 진화 과정에서도 특히 중요한 과정이다. 열수분출공 주변 저서생물 유생의 분산 경로는 실로 다양하며, 유생의 수송 거리와 시간은 해류 및 해저 지형과 밀접한 관계가 있다(그림 2). 이들의 분산은 정착하기에 적합한 장소와 공간의 분포 특성에 따라 좌우되고, 정착 시기는 계절과 온도, 먹이, 환경 등의 조건에 맞춰 생물이 안정적으로 성장할 수 있는 시기로 결정된다.

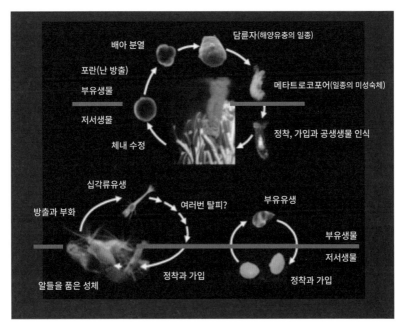

[그림 1] 다이앤 애덤스Diane Adams의 2012년 연구 중 일부인 열수분출공 주변 저서생물의 생활사.

저서생물의 서식 환경에 따라 유생의 분산 전략은 다양하다. 모랫바닥에 사는 종들은 장거리 분산 기작생물의 작용을 일으키는 기본 원리을 보이지만, 암반에 사는 종은 짧은 거리를 분산하는 기작을 통해 유생의 손실을 줄인다. 심해에 사는 종과 비교해보면 연안에 서식하는 종은 심해에 사는 종보다 훨씬 복잡한 과정과 상대적으로 빠른 해류의 영향을 받는다. 연안 종의 유생은 연안 해류 가운데서 더 큰 규모의 해류에 의해 수송되었다가 결국 연안역으로 되돌아오는 것으로 알려져 있다. 한편 심해에 서식하는 생물들은 종에 따라 분산 전략을 달리한다. 해저에 머무르며 약한 흐름의 해류를 이용하는 삿갓조개류가 있

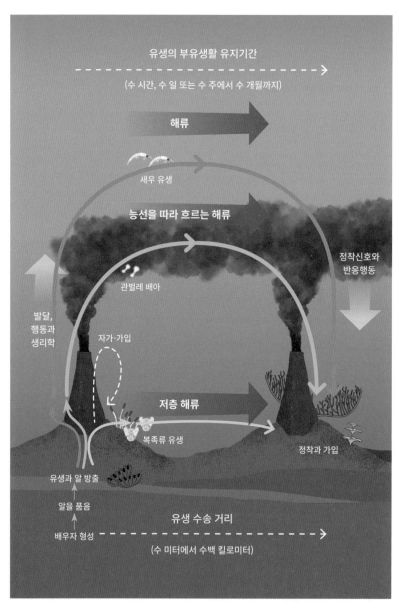

유생의 부유생활 유지기간

(수 시간, 수 일 또는 수 주에서 수 개월까지)

해류

새우 유생

능선을 따라 흐르는 해류

관벌레 배아

정착신호와
반응행동

발달,
행동과
생리학

자가-가입

저층 해류

복족류 유생

정착과 가입

유생과 알 방출

알을 품음

배우자 형성

유생 수송 거리

(수 미터에서 수백 킬로미터)

[그림 2] 다이앤 애덤스의 2012년 연구 중 일부인 열수분출공 주변 저서생물 유생의 분산 경로.

는가 하면, 지형류를 이용하는 관벌레도 있다. 그뿐만 아니라 유영하며 표층해류를 이용하는 홍합류도 있다.

한편, 숀 아렐라노Shawn Arellano의 연구팀은 2014년에 대서양의 냉용수 분출공 주변에 서식하는 이매패류 심해홍합(배씨모디올루스 칠드레씨)과 심해 복족류(배씨네리타 나티코이데아Bathynerita naticoidea)의 유생을 표층과 수심 100m 사이(유광층)에서 발견했다. 야하기 다쿠야 Yahagi Takuya는 이를 바탕으로 2017년, 열수분출공에 사는 복족류(신카이레파스 묘진엔시스Shinkailepas myojinensis) 유생이 수온과 먹이 농도에 따라 표층으로 분당 16.6~44.4mm의 속도로 수직 이동하는 현상을 실험실에서 확인했다. 따라서 유생들의 분포 특성은 열수분출공에서 배출되는 플룸의 확산, 생존 전략의 일환인 표층 환경으로의 이동, 또는 해류에 의한 확산 등으로 구분할 수 있다.

우리나라가 전 세계에서 네 번째로 인도양 중앙해령에서 새로 발견한 온누리 열수지역(동경 66도 24분, 남위 11도 23분)은 해저면에서 열수가 확산하는 형태다. 이를 토대로 온누리 열수분출지역에서 볼 수 있는 저서생물 유생의 분산과 그 분포 특성을 구체적으로 파악하기 위해, 우리는 열수분출공 주변에서부터 표층까지의 수층 환경과 생물 시료를 확보했다.

표층 근처에서 저서생물 유생을 발견하다

2018년 6월 13일부터 30일까지 한국해양과학기술원 연구진은 이사부호에 승선해 우리나라로부터 직선거리로 약 8,000km 떨어진 인도양의 온누리 열수분출공이 발견된 해역에서 연구를 수행했다(그림 3A). 그중 저서생물 유생의 수직적 공간분포를 확인하기 위해 다수층 플랑크톤채집기Multiple Opening-Closing Net and Environmental Sensing System; MOCNESS, 입구 크기: 1㎡, 망목 크기 200㎛, 8개의 네트 장착로 유생을 포함한 동물플랑크톤을 채집했다. 그 뒤 층별로 구분해 채집한 시료를 형태적으로 분석하기 위해 중성 포르말린으로 고정했다(최종 농도 5%). 그런 다음 동물플랑크톤의 성체는 되도록 종 수준까지 분석했고, 유생의 경우는 기존에 알려진 도감을 근거로 해부현미경(SteREO v8, Zeiss, Germany)을 활용해 형태 분석을 했다.

온누리 열수분출공이 발견된 곳의 바닥(1,900m)에서 표층까지 분포된 물 덩어리에 출현한 동물플랑크톤(유생 포함)의 개체수는 100㎥당 8만 2,344개였다. 이들 총 개체수의 약 88.6%를 차지하는 동물플랑크톤은 유광층(0~200m)에 집중되어 있었다. 모든 수층마다 출현한 분류군은 유공충류foraminiferans, 요각류copepods, 모악동물류chaetognaths, 방산충류radiolarians, 패충류ostracods, 유형류appendicularians, 갑각류 유생crustacean larvae, 단각류 유생amphipod larvae, 그리고 연체동물 유생mollusc larvae이었다. 이 가운데 가장 많은 동물플랑크톤은 요각류(성체와 미성숙체)였고, 그중에서도 특히 칼라누스목 겹노벌레과의

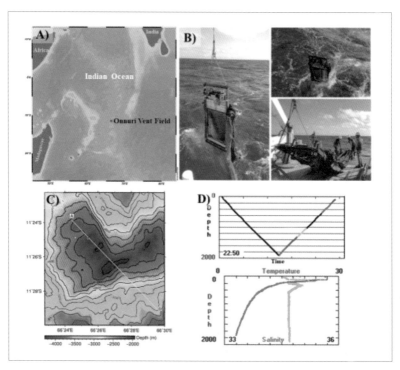

[그림 3] A) 정점 지도, B) MOCNESS 운용, C) 온누리 열수지역(파란색 동그라미)과 주변지형, MOCNESS 운용방향(A에서 B), D) MOCNESS 운용 그림과 수온-염분 자료.

[표1] MOCNESS 채집 정보

네트 번호	채집 수층(m)		채집 시간 (h:m)		예인 거리 (m)	여과량 (㎥)
	시작	종료	시작	종료		
1	1,900	1,600	6:47	7:08	931.7	8,127.0
2	1,600	1,300	7:08	7:33	1,136.8	1,405.5
3	1,300	1,000	7:33	7:56	1,132.0	1,405.4
4	1,000	500	7:56	8:34	1,746.8	1,410.2
5	500	200	8:34	8:56	1,050.3	1,334.2
6	200	0	8:56	9:07	472.6	684.3

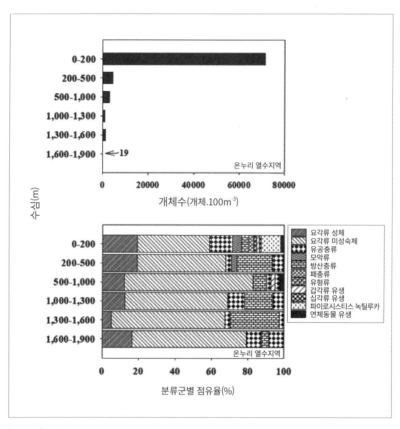

[그림 4] 온누리 열수지역 수층에서 채집된 동물플랑크톤 개체수와 분류군별 점유율.

파라칼라누스 아쿨레아투스*Paracalanus aculeatus*가 가장 많았다.

주목할 만한 특징은 유광층에서만 출현한 저서생물의 유생 meroplankton은 복족류gastropod 다섯 종과 이매패류bivalve 한 종이었고 (그림 5), 이매패류 유생의 개체수(100㎥당 257개체)는 복족류에 비해 약 3.8배 높았다는 사실이다. 이번 연구에서 확인된 이매패류 유생은 형태적으로는 2007년 수전 밀스Susan Mills 연구진의 인도양 열수

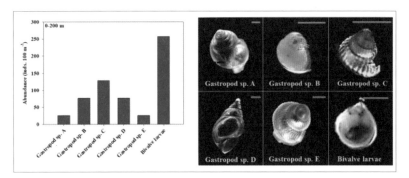

[그림 5] 저서생물 유생인 이매패류 (심해홍합의 유생 형태와 흡사하다)와 복족류 종 A, B, C, D, E (복족류 A, C, E는 *Vetulonia* spp. 복족류 종 B는 *Lepetodrilus* spp., 그리고 복족류 D는 *Phymorphynchus protoconchs*의 유생의 형태와 흡사하다).
현미경사진 (×80) scale bar = 200㎛

분출공 주변에 서식하는 심해홍합*Bathymodiolus* spp. 유생과 흡사했다. 이를 기존 연구를 통해 보고된 열수분출공 주변에 서식하는 저서생물의 유생과 형태적으로 비교한 결과, 복족류는 형태적 차이로 구분할 수 있는 게 다섯 종인데, 종명을 확정할 수 없어 출현 순서대로 종 A~E로 명명했다. 복족류 유생의 개체수 범위는 100㎥당 약 26~129 개체(100㎥당 평균 67개체)였고, 복족류 C가 가장 많이 출현했다(100㎥당 129개체). 복족류 C종, A종과 E종은 1993년 엔더스 워렌Anders Waren 연구팀이 열수분출공에서 발견한 대형저서 복족류인 베툴로니아종*Vetulonia* spp. 유생과 형태적으로 매우 유사했다. 그다음으로 많이 출현한 복족류 B종과 D종(100㎥당 77개체)은 복족류 레페토드릴루스종*Lepetodrilus* spp. (1995년 로랑 멀리뉴Lauren Mullineaux의 연구) 및 피모르핀처스 프로토콘치스*Phymorphynchus protoconchs*(2007년 수전 밀스의 연구)의 유생과 유사했다.

이러한 결과는 분산 전략의 가설 중 하나로, 유생들이 생존을 위해 택하는 것으로 파악된다. 즉 먹이를 활용하고 적절한 정착 시기를 탐지하기 위해 표층 환경으로 이동했을 가능성이다. 이런 가능성을 심해 열수지역에서 직접 채집한 시료를 통해 확인한 것은 실로 큰 수확이다. 이 가설을 더 확고하게 하려면 아직까지 알려지지 않은 유생의 종명을 확정할 수 있는 유전자 분석을 수행해야 한다. 우리는 그 가설을 입증하기 위해 유전자 분석을 통한 정보 획득 단계의 연구를 진행할 예정이다.

참고문헌

• Adams, D.K., S.M. Arellano, and B. Govenar. 2012. Larval dispersal: Vent life in the water column. Oceanography, 25(1), 256–268.

• Arellano, S. M., Van Gaest, A. L., Johnson, S. B., Vrijenhoek, R. C., & Young, C. M. (2014). Larvae from deep-sea methane seeps disperse in surface waters. Proceedings of the Royal Society B: Biological Sciences, 281(1786), 20133276.

• Conway D.V, White R.G, Hugues-Dit-Ciles J., Gallienne C.P, Robins D.B, 2003, Guide to the coastal and surface zooplankton of the South-Western Indian Ocean. DEFRA Darwin Initiative Zooplankton Programme, Marine Biological Association of the United Kingdom, n. 15.

- Kenk, V. C., Wilson, B. R. (1985). A new mussel (Bivalvia, Mytilidae) from hydrothermal vents in the Galapagos Rift zone. Malacologia, 26(1-2), 253-271.
- Kim, S. L., Mullineaux, L. S., & Helfrich, K. R. (1994). Larval dispersal via entrainment into hydrothermal vent plumes. Journal of Geophysical Research: Oceans, 99(C6), 12655-12665.
- Kim, S. L., & Mullineaux, L. S. (1998). Distribution and near-bottom transport of larvae and other plankton at hydrothermal vents. Deep Sea Research Part II: Topical Studies in Oceanography, 45(1-3), 423-440.
- Lonsdale P (1977) Clustering of suspension-feeding macrobenthos near abyssal hydrothermal vents at oceanic spreading centers. Deep Sea Research, 24: 857–863.
- Lutz, R. A., Jablonski, D., & Turner, R. D. (1984). Larval development and dispersal at deep-sea hydrothermal vents. Science, 226(4681), 1451-1454.
- Mills S.W, Beaulieu S.E., Mullineaux L.S, 2009, Photographic identification guide to larvae at hydrothermal vents in the eastern Pacific. Published at: http://www.whoi.edu/science/B/vent-larval-id
- Mullineaux, L. S., Wiebe, P. H., & Baker, E. T. (1995). Larvae of benthic invertebrates in hydrothermal vent plumes over Juan de Fuca Ridge. Marine Biology, 122(4), 585-596.
- Nakamura, K., & Takai, K. (2015). Indian Ocean Hydrothermal Systems: Seafloor Hydrothermal Activities, Physical and Chemical Characteristics of Hydrothermal Fluids, and Vent-Associated Biological Communities. In Subseafloor Biosphere Linked to Hydrothermal Systems (pp. 147-161). Springer, Tokyo.
- Schönitzer, V., & Weiss, I. M. (2007). The structure of mollusc larval shells formed in the presence of the ch;itin synthase inhibitor Nikkomycin Z. BMC structural biology, 7(1), 71.
- Skebo, K. M. (2004). Distribution of zooplankton and nekton above hydrothermal vents on the Juan de Fuca and Explorer ridges. Master's Thesis, University of Victoria, Victoria, BC, Canada.
- Swearer, S. E., Treml, E. A., Shima, J. S. (2019). A review of

biophysical models of marine larval dispersal. In Oceanography and Marine Biology; Hawkins, S.J., Allcock, A.L., Bates, A.E., Firth, L.B., Smith, I.P., Swearer, S.E., Todd, P.A., Eds.; CRC Press: Boca Raton, FL, USA, 2019; Volume 57, pp. 325-356.

- Tarasov, V. G., Gebruk, A. V., Mironov, A. N., & Moskalev, L. I. (2005). Deep-sea and shallow-water hydrothermal vent communities: two different phenomena?. Chemical Geology, 224(1-3), 5-39.
- Trivett, D. A., & Williams III, A. J. (1994). Effluent from diffuse hydrothermal venting: 2. Measurement of plumes from diffuse hydrothermal vents at the southern Juan de Fuca Ridge. Journal of Geophysical Research: Oceans, 99(C9), 18417-18432.
- Van Dover, C. L., Arnaud-Haond, S., Gianni, M., Helmreich, S., Huber, J. A., Jaeckel, A. L., & Steinberg, P. E. (2018). Scientific rationale and international obligations for protection of active hydrothermal vent ecosystems from deep-sea mining. Marine Policy, 90, 20-28.
- Vinogradov, G. M., Vereshchaka, A. L., & Aleinik, D. L. (2003). Zooplankton distribution over hydrothermal fields of the Mid-Atlantic Ridge. OCEANOLOGY C/C OF OKEANOLOGIIA, 43(5), 656-669.
- Waren, A., Bouchet, P. (1993). New records, species, genera, and a new family of gastropods from hydrothermal vents and hydrocarbon seeps. Zoologica Scripta, 22(1), 1-90.
- Wiebe, P. H., Copley, N., Van Dover, C., Tamse, A., & Manrique, F. (1988). Deep-water zooplankton of the Guaymas Basin hydrothermal vent field. Deep Sea Research Part A. Oceanographic Research Papers, 35(6), 985-1013.
- Yahagi, T., Kayama Watanabe, H., Kojima, S., & Kano, Y. (2017). Do larvae from deep-sea hydrothermal vents disperse in surface waters? Ecology, 98(6), 1524-1534.

중형저서생물은
왜 중요한가

강태욱, 오제혁, 김동성

해저에는 각종 생물이 살아간다. 그중 해저의 저서 생태계를 구성하는 저서생물은 크기에 따라 네 가지 종류로 구분된다. 초대형저서생물megabenthos, 대형저서생물macrobenthos, 중형저서생물meiobenthos, 초소형저서생물nanobenthos이다. 그런데 크기가 아닌 서식하는 공간적 특성에 따라서도 구분할 수 있다. 주로 퇴적물이나 암반 표면에서 살아가는 표서생물, 퇴적물에 구멍을 파거나 다른 생물들이 만든 공간에서 살아가는 내생생물, 퇴적물의 입자 사이나 틈새에서 살아가는 간극생물interstitial fauna이 그것이다. 이 가운데 간극생물은 크기로 보면 대체로 중형저서생물에 속할 수 있어서 간극생물과 중형저서생물은 거의 같은 의미로 통용된다.

심해 열수 생태계 발견 이후 열수지역에서 살아가는 저서생물을 향한 그간의 관심과 연구의 초점은 주로 대형저서생물에 맞추어졌고, 무엇보다 새롭게 발견되는 대형저서생물 신종들에 관한 연구에 집중되었다. 그에 비해 열수 생태계에 서식하는 중형저서생물에 관한 연구는 실제 채집 자체와 분석의 어려움 등으로 관련 연구들이 부족했다. 그런데 중형저서생물의 생태적 중요성이 갈수록 부각되자 최근 들어서는 열수역에 서식하는 중형저서생물 신종 발표 등 관련 연구들이 점차 증가하는 추세다.

중형저서생물 관심받기 시작하다

중형저서생물은 크기가 0.032~1mm 사이에 해당하는 작은 생물로, 대형저서생물과 비교해 생존하는 데 요구되는 기본 에너지가 적다. 이 때문에 표층에서 만들어져 퇴적물로 침잠하는 유기물의 양이 적더라도 생존에는 큰 어려움이 없는 생물에 속한다. 그뿐만 아니라 중형저서생물은 높은 서식 밀도와 단위 체중당 높은 생리활성 등으로 인해 심해 저서 생태계의 환경 특성을 논할 때 그 역할과 중요성이 대형저서생물과 비교해 한층 더 높게 평가되고 있다. 열수지역은 일반적으로 중형저서생물을 잡아먹는 포식자 위치의 대형저서생물들이 공생 박테리아로부터 주로 에너지를 공급받기 때문에 중형저서생물에 대한 먹이 섭식 활동이 적으므로 중형저서생물이 살아남기에는 훨씬 유리한 환경일 수 있다.

[사진 1] 다양한 중형저서생물 분류군.

    해양에 서식하는 중형저서생물 군집 중 개체수가 가장 많은 분류군은 선형동물marine free-living nematodes이다. 구체적인 이름에서도 알 수 있듯이, 선형동물의 몸은 가느다란 선의 형태를 이루며 퇴적물 사이에 적응하기 좋은 형태를 갖춘 것이 특징이다. 이외에도 저서성 요각류benthic harpacticoid copepods, 유공충류sarcomastigophorans, 완보동물tardigrades 등 다양한 분류군들도 중형저서생물의 군집을 이루고 있다.

    최근 수년간 심해 열수역에 서식하는 중형저서생물에 관한 연구가 세계적으로 수행되었는데, 주로 동태평양의 융기대와 중앙해령, 북서태평양 해령, 뉴질랜드 및 피지 분지 등에 집중되었다. 우리나라에서 심해 열수역 서식 중형저서생물에 관한 연구를 시작한 주인공은 국

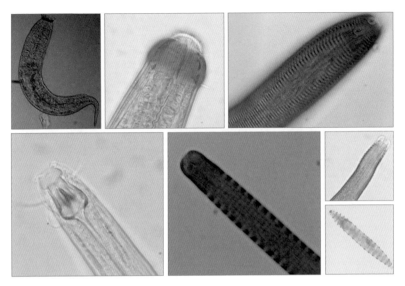

[사진 2] 인도양 열수역에 서식하는 여러 가지 형태의 선형동물.

내 중형저서생물 생리·생태 연구를 개척한 한국해양과학기술원의 김동성 박사다. 그는 2002년에 일본해양연구개발기구와 공동 연구를 통해 인도양의 로드리게스 삼중 접합점 부근의 카이레이 열수지역에서 유인잠수정을 활용해 세계 최초로 중형저서생물을 확보해 보고했다. 이후 파푸아뉴기니의 에디슨 해산, 피지의 라우 해분 열수역의 관련 연구로 계속 이어졌고, 2017년부터는 한국해양과학기술원이 주도하는 인도양 중앙해령대 심해의 열수 생명 시스템을 이해하기 위한 다학제적 종합 연구의 한 분야로서 국내 최대 종합 연구선인 이사부호(5,900톤)와 심해무인잠수정(캐나다 CSSF사의 로포스)을 활용해 인도양 중앙해령대의 심해 열수분출공 주변에 서식하는 중형저서생물 군집 특성에 관한 집중적인 연구를 2022년 현재까지 수행하고 있다.

중형저서생물을 채집하는 방법

중형저서생물은 95% 이상이 해양 퇴적물 표층 1~3cm 사이에 서식하고 있다. 이 때문에 이들의 군집 특성을 연구하려면 표층이 교란되지 않는 퇴적물 시료가 반드시 필요하다. 하지만 심해저 퇴적물의 표층은 대부분 매우 부드러운 층을 형성하고 있어서, 이를 교란하지 않으면서 시료를 채집하려면 첨단 장비와 세련된 기술이 요구된다.

[사진 3] 무인잠수정에 설치되어 있는 심해 퇴적물 시료 채집 장비 푸시 코어러.

[사진 4] 무인잠수정의 로봇팔을 활용해 채집 장비 푸시 코어러로 열수분출공 주변 퇴적물 시료(왼쪽)와 일반 심해 퇴적물 시료(오른쪽)를 채집하는 모습.

열수지역의 특수한 생태계를 보전하면서도 목표로 하는 연구에 필요한 각종 시료를 원하는 만큼 적절히 선별해 채집하려면 정밀하고 세밀한 작업이 가능한 심해잠수정의 활용은 필수적일 수밖에 없다. 특히 열수공 주변은 거의 암반 지역이어서 암반 사이의 좁은 영역에 존재하는 열수 퇴적물의 채집은 심해잠수정의 도움 없이는 불가능하다. 심해 열수역에 서식하는 중형저서생물 군집의 특성 분석에 필요한 열수 주변 퇴적물 시료는 일반적으로 심해잠수정의 로봇팔(머니퓰레이터)을 활용하고, 이 로봇팔이 거머쥔 둥근 실린더 형태의 퇴적물 채집 장비 푸시 코어러push corer를 이용해 채집한다.

지금까지 연구된 열수공 주변 퇴적물에 서식하는 중형저서생물 군집 특성을 살펴보면 다음과 같다. 파푸아뉴기니의 에디슨 해산 열수역에 서식하는 중형저서생물 군집에 관한 연구 결과를 통해 이곳에 서식하는 중형저서생물의 서식 밀도가 인근의 심해역보다 매우 높은 것으로 나타났고, 특히 중형저서생물의 가장 지배적인 두 그룹 중 두 번째로 우세한 분류군인 저서성 요각류가 전체 중형저서생물 가운데 차지하는 조성 비율이 일반 심해역보다 열수역에서 한층 더 증가한다는 것을 밝혀냈다. 또한 인도양의 로드리게스 삼중 접합점에서도 중형저서생물의 서식 밀도가 인근 심해역에 비해 더 높은 것으로 보고되었다. 인도양 중앙해령대에서는 한국해양과학기술원 연구팀에 의해 2018년에 발견되어 명명된 온누리 열수역 및 동일 연구진에 의해 2021년에 새롭게 발견된 온바다, 온나래 열수역에서 진행된 중형저서생물 연구에서도 열수역에 서식하는 중형저서생물의 서식 밀도가 심

[표1] 다양한 열수역에 서식하는 중형저서동물의 서식 밀도 정보

장소	서식 밀도 (10cm당 ind.)	수심	참고문헌
파푸아뉴기니 에디슨 해산	391	1,450	Min, 2006
인도양 로드리게스 삼중 접합점	115	2,420	Min, 2006
중앙대서양 해령	43	3,492	Zekely et al., 2006
동태평양 해령	32	2,480	Zekely et al., 2006

해의 평균 서식 밀도보다 더 높게 나타난다는 연구 결과를 획득했다. 반면, 대서양 중앙해령과 동태평양 해령, 멕시코만의 열수역에서는 오히려 중형저서생물의 서식 밀도가 동일한 수심에 위치한 심해의 중형저서생물 서식 밀도보다 낮은 것으로 보고되기도 했다.

모든 열수역의 중형저서생물 군집 연구에서 공통적으로 나타나는 부분은 중형저서생물의 분류군 조성 및 군집 구조 등에서 일반적인 심해역과 상당한 차이를 보였다는 것이다. 그중 선형동물의 일부 종들에서는 그 차이가 한층 두드러졌다. 심해에서 낮은 조성 비율을 보이는 선형동물 종들이 열수역에서는 전체 선충의 50% 이상을 차지할 정도로 높은 비율로 출현했고, 인도양 중앙해령대에서 수행된 연구에서는 열수 주변 퇴적물의 황 측정치가 매우 높은 지역에서 선형동물 일부 종의 서식 밀도가 매우 높게 나타나는 경향을 보였다. 이에 반해 중형저서생물 군집의 풍부도 및 다양성 등은 열수역에서 일반적으로 감소하는 경향을 보였다.

중형저서생물 연구의 미래

중형저서생물은 자신들이 서식하는 퇴적물의 입자 크기, 퇴적물 내 온도의 변화, 산화환원전위 및 먹이 가용성 등과 같은 주위 환경 변화에 민감하게 반응하는 것으로 알려져 있다. 따라서 앞서 언급한 지금까지의 연구 결과들은, 열수분출공 주변 환경이 실제로 황화수소 가스나 중금속 등의 독성물질이 존재하고 퇴적물 곳곳에서는 열수가 분출되는 극한 환경이기 때문에 중형저서생물 그룹 중에서 이런 환경에 적응한 일부 분류군과 종들이 우점하는 분포 특성을 보인 것으로 판단된다. 열수역의 에너지원 공급처로 여겨지는 황산염 환원 박테리아는 선형동물의 먹이 공급원으로 사용될 수 있다. 그런즉 이를 잘 활용하는 종들이 우점할 가능성이 충분하다. 그러나 열수역에 서식하는 중형저서생물의 생태학적 특성에 관한 연구는 아직까지는 절대적으로 부족한 현실이다. 열수 환경에서 살아가는 중형저서생물에 관해 향후 더 많은 채집과 체계적인 분석, 접근 방식의 다변화를 통한 다양한 연구를 진행함으로써, 열수역과 같은 특수한 환경에서 저서생물들이 어떻게 적응하며 생존하고 있는지, 심층적인 이해가 가능해질 것으로 기대한다.

인도양 심해 열수역의
선형동물 종 다양성

노현수, 민원기, 김동성

선형동물Nematoda은 전 지구상에 현존하는 후생동물Metazoa 가운데서
도 개체군이나 종 수에 있어서 가장 다양한 분류군 중 하나로 알려
져 있다. 자유생활을 하는 선형동물의 몸길이는 대체로 0.15~10mm
를 넘지 않는 아주 작은 크기이지만, 고래류에 기생하는 선형동물의
경우는 최대 8m에 이를 정도로 가늘고 긴 실 모양을 한 것도 있다.
특히 선형동물은 몸 전체의 형태학적 특징 탓에 말총벌레로 불리는
유선형동물Nematomorpha과 생물학적으로 가장 가까운 대형袋形동물
Aschelminthes: 몸이 원통형이며 각피로 덮여 있다의 한 구성원으로도 알려져 있다
(그림 1).

또한 선형동물은 동물계Kingdom Animalia 안에서 독립적인 문門 준위
의 분류군으로선형동물문, phylum Nematoda 요각류, 편형동물, 동문동물, 완

보동물, 복모동물과 함께 주요한 해양 간극수흙이나 암반 사이 빈 곳에 있는 물 동물군 중 하나다. 지금까지 선형동물의 종 수는 대략 2만여 종으로 알려져 있다. 이 가운데 식물에 기생해 서식하는 종은 2,000여 종, 동물에 기생하는 종은 5,000여 종, 그리고 해양, 담수, 토양 등의 서식지에서 자유생활을 하는 종은 1만 3,000여 종에 달한다. 특히 자유생활하는 종들 가운데 해양의 다양한 서식지에서 보고된 선형동물은 현재까지 7,000여 종에 이르는 것으로 기록되어 있다.

해양 생태계 먹이그물의 연결고리

한편 선형동물 가운데서 가장 높은 종 다양성을 보이는 곳은 누가 뭐래도 해양의 다양한 서식지라고 말할 수 있다. 앞으로도 새로운 보고가 계속된다면 전체 선형동물의 50% 이상이 여기서 나올 듯하다. 주로 해양에 서식하는 선형동물은 조간대와 기수역의 저질, 대륙붕 및 심해의 저질에서도 쉽게 발견되고, 저질에 서식하는 다른 간극수성性 분류군들에 비해 높은 생물량과 종 다양성을 보이는 것이 특징이다. 그런데 해양의 해조류뿐만 아니라 다른 무척추동물의 표면에서도 다수의 종이 서식하는 것으로 보고되었다. 놀랍게도 최근에는 깊은 해저의 화산활동으로 생성된 열수분출공 서식지에서도 16종의 해양 선형동물이 보고되어 해양과학자들의 주목을 받고 있다.

해양에서 자유생활을 하는 선형동물은 규조류를 포함한 단세포

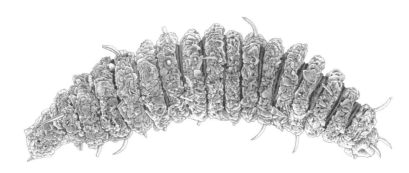

[그림 1] 심해 서식지에 빈번하게 서식하는 해양 선형동물 몸의 형태.

조류와 박테리아, 그리고 원생동물과 선형동물을 포함한 여러 미소한 무척추동물을 섭식하는 저차원 소비자다. 한편 해양의 저질 퇴적물 속에 서식하는 다른 대형 무척추동물인 조개류나 복족류와 같은 연체동물, 환형동물, 그리고 척추동물인 어류 등의 먹이원이 된다. 이처럼 해양 생태계의 먹이그물에서 없어서는 안 될 매우 중요한 연결고리 역할을 하고 있어 생태학적으로도 매우 중요한 분류군이다. 이런 생태학적 특성을 고려하면 해양 선형동물은 조개나 물고기 등의 수산물에 다분히 의존적인 인간의 식생활과도 직·간접적 연관성이 깊다는 것을 알 수 있다.

해양에는 다양한 형태의 특이 서식지가 존재한다. 육지에는 지각의 화산활동으로 인해 생성된 온천지대가 전 세계 여러 곳에 발달했다. 마찬가지로 바닷속 깊은 곳인 심해에서도 육상의 온천지대와 같은 지각 현상을 보이는 곳이 있다. 이런 장소를 열수지역이라고 한다. 1977년 미국의 심해유인잠수정 앨빈호가 동태평양 갈라파고스 확장지역의 수심 2,600m 깊은 바닷속에서 전 세계 최초로 열수지역을 발견한 뒤, 세계 곳곳의 심해에서 활발하게 활동 중인 700개 이상의 열수지역이 계속해서 발견되었다. 이와 관련해 관벌레류, 갯지렁이류, 이매패류인 심해홍합류, 그리고 십각류인 장님게류와 새우류 등 400여 종 이상의 신종 생물들이 열수분출공 주변에 생물 군집을 이루고 있다는 것이 보고되었다(Copley et al., 2016). 열수분출공 생물 군집은 태평양, 대서양, 인도양, 지중해, 북극해 등지에서도 잇따라 발견되었다.

그중 인도양에서 발견된 열수분출공 생물 군집의 무척추동물상은 하시모토 등에 의해 카이레이 열수지역에서 처음 발견되었다(Hashimoto et al., 2001). 그 뒤 반 도버Van Dover, 나카무라Nakamura, 코플리Copley 팀에 의해서도 인도양의 에드먼드, 도도 및 롱키 열수지역에서 열수분출공 생물 군집 동물의 종 다양성이 각각 보고되었는데, 이들 열수분출공 생물 군집에서 확인된 동물종은 총 34종이었다(Van Dover et al., 2001; Nakamura et al., 2012; Copley et al., 2016).

2022년 현재까지 발견된 열수분출공 생물 군집 가운데 앞서 언급한 대형 무척추동물 외에도 우리가 눈으로 직접 볼 수 없어 현미경 관찰을 통해서만 확인 가능한 아주 작은 크기의 해양 선형동물의 종 다양성도 일부 보고된 바 있다. 그 예로 태평양의 열수지역으로부터 보고된 10종의 해양 선형동물과 대서양의 열수지역에서 발견된 7종의 해양 선형동물을 들 수 있다. 그런데 매우 흥미롭게도 태평양이나 대서양과 달리 인도양에서는 이런 심해 열수분출공 생물 군집에서 지금껏 단 한 종의 선형동물도 보고된 바가 없었다(Decraemer and

Gourbault, 1997; Verschelde et al., 1998; Zekely et al., 2006; Gollner et al., 2013; Tchesunov, 2015).

화학합성 공생 생물 군집의 발견

심해 열수분출공 생물 군집에서 가장 주목되는 특이성은 화학합성 공생 관계에서 발견된다. 이 화학합성 공생 관계는 열수분출공 주변부에 서식하는 무척추동물과 화학합성 독립영양 박테리아 사이의 파트너십으로 설명할 수 있다. 여기서 주요 생산자는 다름 아닌 박테리아이고, 이 박테리아가 무척추동물의 영양에 없어서는 안 될 유기탄소 대부분을 제공한다는 사실이다.

현재까지 해양 선형동물과 공생 박테리아와의 화학합성 공생 관계는 모두 세 개 분류군의 경우에서만 보고되었다. 이런 특성을 보여주는 것은 해양 선형동물의 몸 외부 표면에 공생 박테리아를 지닌 메톤코라이무스 알비두스*Metoncholaimus albidus* (온코라이미대*Oncholaimidae*과)와 스틸보네마티내*Stilbonematinae* 아과에 속하는 해양 선형동물이다.

이것과는 정반대로 몸의 내부에 공생 박테리아를 갖고 있는 아스토모네마티내*Astomonematinae* 아과에 속하는 해양 선형동물도 있다 (Bellec et al., 2019; Tchesunov, 2015) (사진 1).

이들 해양 선형동물과 공생하는 박테리아는 황화물이 산화할 때 방출되는 화학 결합 에너지를 사용해서 유기화합물을 축적하는 화학

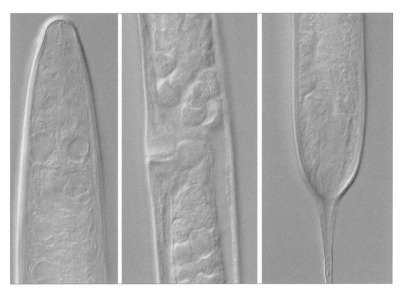

[사진 1] 해양 선형동물아스토모네마티네 아과의 박테리아와의 내부공생 관계.

합성 독립영양성 황 산화 생물이다(Ott et al., 1991). 일반적으로, 스틸
보네마티네 아과에 속하는 해양 선형동물은 주로 조간대 및 조간대
퇴적물에 서식한다. 그런데 심해에서도 이들이 서식한다는 것은 지금
껏 전혀 알려지지 않았다. 또한 아스토모네마티네 아과의 해양 선형
동물은 입이 없고 인두가 흔적 기관이기 때문에 박테리아와의 내부
공생 관계에 대한 의존성이 한층 더 두드러진 것이 특이하다. 이 분류
군들은 일반적으로 조간대 황화물이 풍부한 퇴적층(Ott et al., 1982)
이나 메탄 침투지(Austen et al., 1993)와 같은 서식지에서 발견된다. 하
지만 아주 최근에 아스토모네마티네 아과의 해양 선형동물이 서북동
대서양의 대륙붕 인근 심해 협곡에서 서식한다는 사실이 보고되기도
했다(Ingels et al., 2009, 2011a, b).

지금까지 보고된 적 없는 신종 발견의 성과

우리나라 연구자들도 이를 좌시하지 않았다. 최근 한국해양과학기술원의 연구원들은 첨단과학 장비를 갖춘 연구탐사선 이사부호를 이용해 인도양 심해에서의 열수분출공 생물 군집 연구에 본격 착수했고 놀라운 성과를 거뒀다. 일본, 미국, 중국에 이어 전 세계에서 네 번째로 인도양에서 새로운 열구 분출공 생물 군집을 발견한 것이다(온누리 열수지역).

이런 연구에서 우리가 각별히 주목해야 할 점은 한국해양과학기술원 연구원들에 의해 새롭게 발견된 인도양의 심해 열수분출공 생물 군집에서 지금까지 전혀 기록된 적 없는 다양한 종류의 심해 열수성 해양 선형동물 생물자원을 발견했다는 점이다. 이런 성과는 아직까지 전 세계적으로도 전혀 연구되지 않아서 앞으로 새로운 연구 결과로 학계에 보고할 수 있는 중요한 계기가 될 것이다(사진 2).

이와 더불어 인도양 심해 열수분출공 생물 군집에서 현재까지 발견한 해양 선형동물을 통한 종 다양성 연구에서도 앞서 언급한 해양 선형동물과 공생 박테리아와의 화학합성 공생에 관한 새로운 신종 후보 분류군을 발견했다. 이런 성과 역시 조만간 생물 다양성 연구 결과물로 전 세계 학계에 보고될 예정이다.

인도양 심해 열수지역에서의 지속적인 종 다양성에 관한 연구 접근과 결과 해석은 전 세계에 분포하는 열수지역에서의 해양 선형동물의 종 다양성 연구에 대한 우리의 인식 확장과 함께, 이를 기반으로 하는

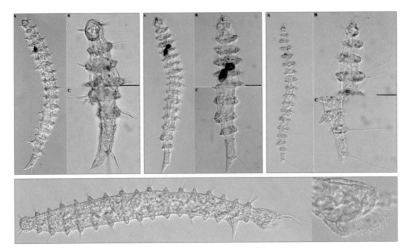

[사진 2] 인도양 심해 열수지역에서 발견된 해양선형동물*Desmoscolex* spp. 종 다양성.

해양 선형동물 생물지리 분포의 특성을 이해하는 데 획기적인 기반연구가 될 것으로 전망한다.

～～～ 참고문헌

• Austen, M.C., Warwick, R.M., and Ryan, K.P., 1993. Astomonema southwardorum sp. nov., a gutless nematode dominant in a methane seep area in the North Sea. Journal of the Marine Biological Association of the United Kingdom. 73: 627–634.

• Bellec, L., Bonavita, M.C., Hourdez, S., Jebbar, M., Tasiemski, A., Durand, L., Gayet, N., and Zeppilli, D., 2019. Chemosynthetic ecosymbionts associated with a shallow-water marine nematode. Scientific Reports, 9: 7019.

- Copley, J.T., Marsh, L., Glover, A.G., Hühnerbach, V., Nye, V.E., Reid, W.D.K., Sweeting, C.J., Wigham, B.D., and Wiklund, H., 2016. Ecology and biogeography of megafauna and macrofauna at the first known deep-sea hydrothermal vents on the ultraslow-spreading Southwest Indian Ridge. Scientific Reports, 6: 1–13.

- Decraemer, W., Gourbault, N., and Backeljau, T., 1997. Marine nematodes of the family Draconematidae (Nemata): a synthesis with phyloge-netic relationships. Hydrobiologia, 357 :185–202.

- Gollner, S., Miljutina, M., and Bright, M., 2013. Nematode succession at deep-sea hydrothermal vents after a recent volcanic eruption with the description of two dominant species. Org. Diversity Evol., 13: 349–371.

- Hashimoto, J., Ohta, S., Gamo, T., Chiba, H., Yamaguchi, T., Tsuchida, S., Okudaira, T., Watabe, H., Yamanaka, T., and Kitazawa, M., 2001. First hydrothermal vent communities from the Indian Ocean discovered. Zoological Science, 18: 717–721.

- Ingels, J., Kiriakoulakis, K., Wolff, G.A., and Vanreusel, A., 2009. Nematode diversity and its relation to quantity and quality of sedimentary organic matter in the Nazaré Canyon, Western Iberian Margin. Deep-Sea Research Part I: Oceanographic Research Papers, 56: 1521–1539.

- Ingels, J., Tchesunov, A., and Vanreusel, A., 2011a. Meiofauna in the Gollum Channels and the Whittard Canyon, Celtic Margin: how local environmental conditions shape nematode structure and function. PLoS ONE, 6, e20094. doi:10.1371/journal.pone.0020094.

- Ingels, J., Billett, D.S.M., Wolff, G., Kiriakoulakis, K., and Vanreusel, A., 2011b. Structural and functional diversity of Nematoda in relation with environmental variables in the Setúbal and Cascais canyons, Western Iberian Margin. Deep-Sea Research Part II: Topical Studies in Oceanography, 58: 2354–2368.

- Nakamura, K., Watanabe, H., Miyazaki, J., Takai, K., Kawagucci, S., Noguchi, T., Nemoto, S., Watsuji, T., Matsuzaki, T., Shibuya, T.,

Okamura, K., Mochizuki, M., Orihashi, Y., Ura, T., Asada, A., Daniel, M., Koonjul, M., Singh, M., Beedessee, G., Bhikajee, M., and Tamaki, K., 2012. Discovery of new hydrothermal activity and chemosynthetic fauna on the Central Indian Ridge at 18–20°S. PLoS One, 7, e32965.

• Ott, J.A., Rieger, G., and Enderes, F., 1982. New mouthless interstitial worms from the sulphide system: symbiosis with prokaryotes. P.S.Z.N.I.: Marine Ecology, 3: 313–333.

• Ott, J.A., Novak, R., Schiemer, P., Hentschel, U., Nebelsick, M., and Polz, M., 1991. Tackling the sulphide gradient: a novel strategy involving marine and chemoautotrophic ectosymbionts. P.S.Z.N. I.: Marine Ecology, 12: 261–279.

• Tchesunov, A.V., 2015. Free-living nematode species (Nematoda) dwelling in hydrothermal sites of the North Mid-Atlantic Ridge. Helgol. Mar. Res., 69: 343-384.

• Van Dover, C.L., Humphris, S.E., Fornari, D., Cavanaugh, C.M., Collier, R., Goffredi, S.K., Hashimoto, J., Lilley, M.D., Reysenbach, A.L., Shank, T.M., Von Damm Banta, K.L., Gallant, R.M., Götz, D., Green, D., Hall, J., Harmer, T.L., Hurtado, L.A., Johnson, P., McKiness, Z.P., Meredith, C., Olsen, E., Pan, I.L., Turnipseed, M., Won, Y., Young, III C.R. & Verijen-hoek, R.C. (2001) Biogeography and ecological setting of Indian Ocean hydrothermal vents. Science, 294, 818–823.

• Verschelde, D, Gourbault, N, and Vincx, M., 1998. Revision of Desmodora with description of new desmodorids (Nematoda) from hydrothermal vents of the Pacific. J. Marine Biol. Assoc. UK, 78: 75–112.

• Zekely, J., Sørensen, M., and Bright, M., 2006. Three new nematode species (Monhysteridae) from deep-sea hydrothermal vents. Meiofauna Marina. 15: 25–42.

part 3

심해에서 찾는
자원의 가능성

열수생물의 단단한 갑옷과 아이언맨의 꿈

김태원, 조봉호

가끔 〈극한 직업〉이라는 TV 프로그램을 보면서 감동이 밀려들 때가 있다. 다루는 분야도 녹록지 않고 난감한 환경인데도 온 힘을 다해 일하는 사람들의 모습에 존경을 표하지 않을 수 없어진다. 어디가 끝인지 장담할 수 없을 정도로 인간의 능력은 상상을 초월하는 극한 상황에서도 놀라운 힘과 정신력을 발휘한다. 그런데 깊은 바다에 사는 생명체가 주는 놀라움도 마찬가지다. 세상을 살아가는 모든 생명은 각자 처한 환경에 적응하고 진화해서 오늘날까지 살아남았다. 그 가운데서 가장 놀라운 것은 인간의 접근이 어려운 것은 말할 것도 없고 생명체가 있다고는 도저히 생각조차 하기 힘든, 극한 환경 중에 하나인 심해 열수분출공에도 수많은 생명체가 살고 있다는 사실이다 (사진 1).

[사진 1] 인도양 온누리 열수분출공. 지각 틈에서 흘러나오는 열수 주변으로 여러 생명이 모여 살고 있다. 흔히 알고 있는 홍합, 고둥, 게 등이 대표적이다.

열수분출공은 강한 압력을 받는 심해에 있고, 400℃에 가까운 뜨거운 물이 분출되는 곳에 위치해 고압, 고온이라는 두 가지 극한 환경 요인을 동시에 지닌다. 그런데 이곳은 다른 심해에서는 볼 수 없는 이색적인 해양생물이 모여 사는 번화한 장소이기도 하다. 심해 열수분출공에서 뿜어져 나오는 황화수소를 이용해 화학합성을 함으로써 에너지를 생산해낼 수 있는 특성 덕분이다. 설령 그렇다 하더라도 고압과 고온의 열악한 환경에 생물이 적응하며 살아간다는 사실은 놀라운 일이 아닐 수 없다.

인하대학교 해양과학과 해양동물학 연구진은 이러한 지역에 서식하는 갑각류가 자신의 몸을 보호하기 위해 입고 있는 갑옷, 즉 외골격(외부의 스트레스, 타 생물의 공격으로부터 몸을 보호해주는 기능을 함)이

다른 지역에 사는 갑각류의 외골격과는 어떤 차이점과 특성이 있는지 궁금했다. 고압과 고온을 견디기 위해서는 단단하고 높은 열에 견디는 특성이 필요하다. 이러한 특성을 이용해 물질을 개발하면 다양한 분야에 적용할 수 있다. 우리 연구진의 기대감은 허황한 것이 아니었다.

환경에 적응한 생물에 답이 있다

생물이 특정 환경에서 적응하기 위해서 진화한 특성을 연구해서 공학에 이용하는 분야를 생체모방biomimetics이라고 한다. 공학자들이 두뇌를 사용해서 재료를 발굴하고 특성을 설계하며, 컴퓨터를 통해 시뮬레이션하고 실험하는 것이 전통적인 방식의 공학연구라면, 생체모방은 생물이 오랜 진화의 시간을 통해 문제를 해결하는 과정을 도입함으로써 노력과 시간을 줄이는 데 의의가 있다. 실제로 이러한 생체모방은 많은 곳에서 현실화해 적용되고 있다. 그 가운데는 극한 환경에 대한 생물의 적응이 강한 응용력을 보인다. 이를테면 북극곰의 털의 구조[1]에서 착안해 추위를 효과적으로 막는 외피를 개발한다든가, 건물의 단열구조를 만드는 것이 그러하다. 또한 나미비아 사막에 서식하는 딱정벌레 외피의 울퉁불퉁한 구조[2]가 안개의 수분을 포집하는 것에서 착안해 건조한 환경에서 수자원 확보를 위해 시트 형태로 제품화한 사례도 있다.

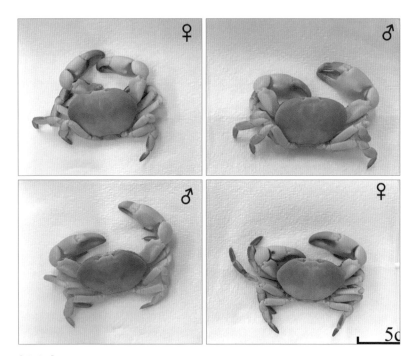

[사진 2] 심해 열수분출공에 서식하는 장님게.

[사진 3] 심해 열수분출공에 사는 생물을 잡기 위해 사용한 TV 그랩.

우리는 이런 배경에 힘입어 열수공에서 진화한 갑각류의 외골격이 공학적 차원에서 강도가 높고 내열성이 좋다면 건축물이나 인공골격 등의 구조에서부터 방화복, 잠수복 등 특수 기능을 향상시키는 용도로까지 활용할 수 있다는 꿈을 갖게 되었다.

그러나 이러한 꿈의 실현은 험난했다. 무엇보다 먼저 대상 생물부터 확보해야 하기 때문이다. 이렇게 목적이 확실했기 때문인지 우리는 이사부호 첫 항해에서 장님게[3] (사진 2)라는 애칭이 붙은 게를 확보할 수 있었다. 장님게는 그 이름처럼 빛이 전혀 없는 심해에서 서식하고 있어 눈이 퇴화했다. 이를 제외하면 천해에 사는 게와 매우 흡사하다. 이 시료를 구하는 과정은 매우 복잡하고 어려웠다. 하지만 여기서는 그 낱낱의 과정을 "한국이 인도양에서 네 번째로 발견한 열수분출공인 온누리 열수분출공에서 TV 그랩(사진 3)을 이용해 이 시료를 채집했다"는 말로 축약하겠다. 이런 과정을 거쳐 시료를 실험실로 옮긴 후 우리는 장님게 외골격의 재료공학적 특성을 파악하기 위해 여러 방향의 검토에 들어갔다.

가장 먼저 장님게의 외골격이 어떻게 생겼는지를 살피기 위해 단면을 잘랐다. 그런 후 자른 단면의 구조를 주사전자현미경Scanning Electron Microscope, SEM을 활용해 파악했다. 그 외골격의 기본구조는 기존의 게에서 볼 수 있는 네 개의 구조와 크게 다르지 않았다(사진 4). 장님게는 가장 외곽 층인 최외표피epicuticle를 포함해 외표피exocuticle, 내표피 endocuticle, 그리고 막membrane으로 이루어져 있었다. 그중 불리간드 구조Bouligand structure를 지닌 외표피와 내표피가 기존의 다른 게들에 비

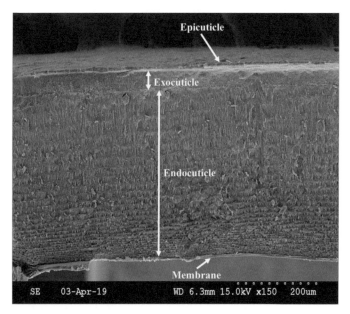

[사진 4] 장님게 외골격의 단면(cross-section)3.

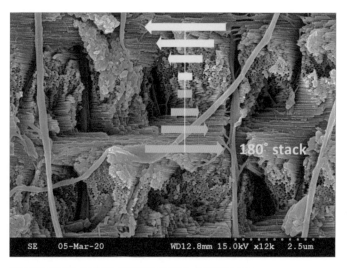

[사진 5] 장님게 외표피와 내표피에 존재하는 불리간드 구조.

해 훨씬 두꺼웠다. 불리간드 구조(사진 5)는 이를 발견한 생물학자 이브 불리간드Yves Bouligand의 이름에서 비롯되었다. 이 구조는 키틴chitin 단백질 기반 섬유 다발 층으로 구성되고 180° 회전하며 축적되어 한 층을 이루는 것이 특징이다. 1965년 불리간드는 연구를 통해 바로 이 구조가 재료의 파괴에 대한 저항성을 높인다는 것을 밝혀냈다.

다음 과정은 장님게의 기계학적인 특성을 알아보는 것이었다. 이를 위해 강도, 경도, 탄성도를 측정했다. 이때 사용된 기계는 미소경도기 nanoindentor였다. 미소경도기는 시료의 경도와 탄성도를 측정하는 도구인데, 삼각뿔 모양의 다이아몬드 압자로 시료의 표면을 특정 힘으로 누른 뒤 들어간 면적을 계산해 측정한다. 실험 결과, 등 껍데기 표면 경도와 탄성도가 미국 앞바다에 서식하는 천해종인 던저니스 크랩 Dungeness crab, 대짜은행게의 가장 강한 집게발 부분과 비슷하게 나타났다.

다음 과정은 성분 분석이었다. X선 분광 분석기Energy Dispersive X-ray spectroscopy, EDX를 활용해 장님게의 외골격을 구성하는 성분을 분석했다. 그 결과, 다른 갑각류의 외골격을 강화하는 칼슘Ca과 마그네슘 Mg 외에도 질소N, 알루미늄Al, 황S, 염소Cl 등 다양한 성분이 포함된 것을 알아냈다. 여기서 우리는 일단 원소가 다양할수록 새로운 배합이 원활해 더 좋은 특성을 지닌 물질을 만들 가능성을 읽었다.

우리는 이런 관찰과 연구 결과를 토대로 세계 최초로 '인도양 열수 분출공에 서식하는 장님게의 특성'을 동물학 저널인 〈통합 및 비교 생물학Integrative and Comparative Biology〉에 게재했다. 이는 단지 새로운 연구의 가능성을 여는 보고 수준이었다.

세계에서 가장 단단한 갑옷을 입은 생물

우리는 후속 연구로 우리 바다에 서식하는 천해종인 민꽃게(돌게)의 외골격과 직접 비교 연구해보았다. 앞선 연구에서는 외골격 표면 분석에 치중했지만, 이번에는 단면을 측정했다. 그러자 경도가 놀라울 정도로 높게 나왔는데, 지금까지 학계에 보고된 생물재료 중에서 가장 높은 것 중 하나에 속할 정도였다. 지금껏 세상에서 가장 강하다고 알려진 상어(백상아리)의 날카로운 이빨보다 더 강했다(그림 1).

여기에 추가로 열적 안정성도 비교 분석해보았다. 열질량분석법 thermogravimetric analysis을 사용했는데, 이 방법은 재료를 가열해서 일어나는 무게 변화를 측정하는 분석이다. 무게 변화가 시작되는 온도가 높을수록 고온에서 잘 견디는, 즉 열저항성이 강하다는 의미다. 예측한 대로 장님게의 외골격은 비교 대상인 민꽃게보다 훨씬 높은 온도

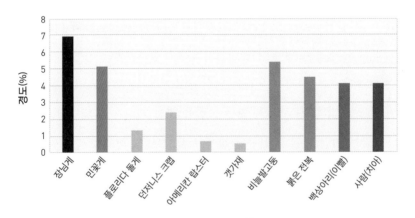

[그림 1] 장님게의 최외표피층과 타 동물들의 경도 비교.[4]

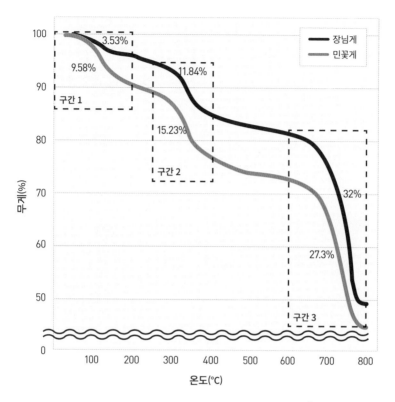

[그림 2] 열질량분석 결과. 장님게가 민꽃게보다 더 큰 열안정성을 보인다.[4]

까지 견딜 수 있는 능력을 갖추고 있었다(그림 2). 장님게가 열 안정성
이 좋은 이유로는 외골격에 열 안정성이 낮은 색소가 포함되지 않고
(장님게가 하얗게 보이는 이유), 민꽃게와 비교해 물과 같은 휘발성 물질
이 적으며, 탄산칼슘의 함량이 높기 때문이라는 결론에 이르렀다.

끝으로 성분을 비교 분석한 결과, 장님게 외골격의 가장 바깥쪽인
최외표피는 민꽃게보다 알루미늄과 황, 유기물질의 비중이 높았다. 알
루미늄과 황의 비중이 높으면 재료공학적으로 압력에 견딜 수 있는

더 단단한 물질의 특성을 지닌 것으로 간주한다. 열수분출공에서 황화수소가 나오는 것을 고려하면 장님게가 이 황을 외골격의 강도를 높이는 데 적절히 활용하는 것은 당연지사다. 실험 결과를 '열수분출공 게의 초저항 갑옷이 지닌 뛰어난 특성'이라는 제목으로 저명 과학 저널인 〈사이언티픽 리포트Scientific Reports〉에 게재했다.

우리가 품은 꿈은 원대하지만, 그 꿈을 이루기 위해 걸어가야 할 길은 아직 멀다. 다만 극한 환경인 열수분출공에 서식하는 장님게가 우리에게 알려준 갑옷의 비밀은 연구실의 불을 한층 더 밝히게 만든다. 언젠가 장님게의 최외표피가 영화 〈아이언맨〉의 주인공이 입었던 갑옷과 같은 신소재 섬유나 인공골격을 개발할 길을 열어준다면, 한 걸음 더 나아가 이렇게 개발된 것이 우리 인류를 위해 유익하게 활용된다면, 이보다 더 흥분되는 일이 있을까?

〰〰〰 **참고문헌**

1. Stegmaier, T., Linke, M. & Planck, H. Bionics in textiles: flexible and translucent thermal insulations for solar thermal applications. Philos. Trans. R. Soc. Math. Phys. Eng. Sci. 367, 1749–1758 (2009).
2. Parker, A. R. & Lawrence, C. R. Water capture by a desert beetle. Nature 414, 33–34 (2001).
3. Cho, B., Kim, D., Bae, H. & Kim, T. Unique characteristics of the exoskeleton of bythograeid crab, Austinograea rodriguezensis in the indian ocean hydrothermal vent (onnuri vent field). Integr. Comp. Biol. 60, 24–32 (2020).
4. Cho, B., Kim, D. & Kim, T. Exceptional properties of hyper-resistant armor of a hydrothermal vent crab. Sci. Rep. 12, 11816 (2022).

열수분출공
주변 생물이 만드는
새로운 물질들

신희재

열수분출공은 심해 화산활동에 의해 200~400℃까지 뜨거워진 물이 솟아나는 곳이다. 특히 이곳은 200~500기압 안팎의 극한 환경이라 미지의 생물들이 독자적으로 진화해 대거 서식하고 있는 곳이어서 기존에 알려지지 않은 신종 생명체도 적지 않게 발견된다. 이러한 특이 환경에 적응하며 살아가는 생물은 새로운 물질들을 많이 생성한다. 이러한 신물질들은 다양하고 독특한 구조를 가진 사례가 많으며, 질병 치료에 도움이 되는 경우 역시 많아, 기존에 존재하지 않던 신약의 개발로 이어지기도 한다. 그 사례는 곳곳에서 볼 수 있다. 미국은 열수분출공 주변의 생물들을 이용해 10여 종의 항암, 항진균 및 면역 관련 신물질을 찾아냈으며, 이를 토대로 화이자, GSK 등 다국적 제약기업과 함께 신약을 개발하는 중이다. 일본 역시 열수분출공 주변 생물에서 발견한 효소가 당뇨병 환자의 식후 혈당을 낮추는 기능을 지녔음을 확인한 뒤 이를 당뇨병 치료제로 개발 중이다.

이렇듯 심해 열수분출공 연구의 핵심은 심해 생물자원 분야에 달려 있다고 해도 과언이 아니다. 심해 생물자원은 미래의 먹을거리를 해결할 수 있음은 물론 신물질, 신약 개발 등 다양한 분야에서도 인류에 공헌할 수 있다. 두말할 것 없이 심해 생물자원의 무궁무진한 가능성 때문이다. 전 세계의 수많은 국가가 심해 생물을 선도적으로 확보하고 이들이 생산하는 신물질을 앞서서 차지하기 위해 치열한 경쟁을 벌이는 이유도 여기에 있다. 우리나라 과학자들 역시 열수분출공에 서식하는 생물들에 관한 연구를 본격적으로 착수했다.

열수생물 산업화의 미래

열수분출공이 발견되기 전까지는 생명체가 온전한 삶을 유지하려면 햇빛이 필수적인 것으로 생각되었다. 하지만 그렇지 않다는 것이 밝혀졌다. 즉, 햇빛이 전혀 닿지 않는 심해의 열수분출공 주변에서도 게나 새우, 관벌레, 조개 같은 생명체가 발견된 것이다. 이런 사실은 과학자들에게는 엄청난 의문을 자아냈다. 특히 길이 2m까지 자라는 거대한 관벌레가 열수분출공 주변에 많이 살고 있다는 것은 큰 충격이 아닐 수 없었다. 과학자들이 이구동성으로 "열수분출공은 그 어디서도 볼 수 없는 생명체들의 오아시스 같다"고 말할 정도였다.

도대체 햇빛 한 점 없는 캄캄한 심해에서 생명체가 살 수 있는 이유는 무엇 때문일까? 그 비밀은 열수분출공 주변에 서식하는 박테리아에 있다. 열수분출공에서 뿜어져 나오는 연기 속에는 황화수소가 풍부하다. 식물들이 광합성을 통해 탄수화물을 만드는 것과는 전혀 달리, 열수분출공 근처에 사는 박테리아는 황화수소를 이용해 탄수화물을 만들어낸다. 즉 황화수소를 이용하는 박테리아는 먹이사슬의 가장 아래 단계에 있지만, 열수분출공 주변에 서식하는 더 큰 생명체들에게 영양분과 먹이를 제공하고 있어 열수분출공 주변의 생태계를 유지하는 데 크게 기여하고 있다.

미국의 과학자들이 심해잠수정 앨빈호를 이용해 대서양 중앙해령 해저 1,733m의 열수분출공을 탐사할 때, 열수분출공 주변에서 $1m^2$ 당 300개체나 되는 많은 조개가 대거 서식하고 있는 것을 발견했다. 그 조개들은 배씨모디올루스 써모필루스*Bathymodiolus thermophilus*라는 종이었다. 과학자들이 이 조개를 채집해 분석한 결과, 신규의 세라마이드인 배씨모디올라마이드bathymodiolamides A와 B를 분리할 수 있었다(Andrianasolo et al., 2011). 이 두 가지 신물질은 인간의 자궁 경부암 세포와 유방암 세포의 성장을 강하게 억제하는 활성을 갖고 있었다. 세라마이드는 주로 피부나 모발에서 볼 수 있는 성분으로, 외부 자극이나 손상으로부터 피부를 보호하고 피부 건조를 막아주는 역할을 해서 화장품에 많이 사용되는 성분이다. 세라마이드가 감소하면 사람의 피부는 건조해져 주름이 많이 생기는데, 요즘 여러 화장품회사에서 세라마이드를 이용해 보습 및 주름 개선 기능성 화장품 개발

[사진 1] 심해홍합 배씨모디올루스 써모필루스(J. Nat.Prod. 2011, 74, 4, 842).

연구에 집중하고 있다. 그런 점에서 앞으로 심해 열수분출공 주변에서 분리한 새로운 세라마이드가 질 좋은 화장품으로 개발될 가능성도 있다.

2010년 알렉스 로저스Alex Rogers 옥스퍼드대 교수를 비롯한 영국 연구진은 무인잠수정 이시스호를 이용해 남아메리카와 남극대륙 사이의 대양저 산맥을 탐사한 바 있다. 이들은 심해 2,600m의 열수분출공 주변에 리프티아 파킵틸라로 불리는 커다란 관벌레들이 장미정원처럼 무리 지어 서식하는 것을 발견했다. 관벌레들이 장미처럼 붉은색을 띠는 것은 혈액 속에 헤모글로빈을 다량 함유하고 있기 때문이

[사진 2] 열수분출공 주변의 관벌레 리프티아 파킵틸라의 사진(사진 출처: 위키미디어 커먼스).

었다. 다만 아직까지 관벌레 리프티아로부터 신물질이 발견되지는 않았다. 하지만 리프티아와 공생하고 있는 미생물의 배양을 통해 이와 관련된 다양한 신물질 발굴 연구가 진행 중이다.

대량 배양이 쉬운 해양 미생물의 잠재력

지금까지 해양생물의 산업화는 주로 해조류나 어패류를 중심으로 기능성 소재의 개발이 이루어져 왔다. 그러나 이들을 활용하는 해양 바이오 산업은 좀처럼 발전되지 않고 있다. 그 주된 이유는 해양생물이 계절이나 서식지에 따라 구성성분이 달라져서 사계절 내내 가동해야 하는 산업용 원료로는 한계가 있기 때문이다. 해양생물의 산업화에서 가장 큰 걸림돌은 기능성 소재나 물질의 원활한 공급이다. 따라서 원료의 원활한 공급을 위해서는 대량 양식이 시급히 이루어져야 한다. 그러나 해양은 해수, 파도, 염도, 압력 등 갖가지 환경요소를 함께 지닌 거대한 유기체적 공간이다. 따라서 사람이 직접 양식하는 재래식 방법으로는 산업에서 필요로 하는 원료의 대량 생산이 불가능하다.

이를 보완하기 위해 최근 미국, 유럽, 일본과 같은 선진국에서는 대량 배양에 의해 수월하게 원료물질의 대량 생산이 가능한 해양미생물의 활용 연구에 많은 투자를 진행하고 있다. 해양 동식물의 활용은 양식의 가능성에 달려 있다. 그런 관점에서 볼 때 해양미생물은 다양한 기능성 신소재를 생산할 뿐만 아니라 대량 배양이 쉬워서 원료물질의 공급 및 활용이 가능하다.

지구의 70%를 차지하는 바다에는 전 지구 미생물의 87%에 이르는 엄청난 양의 미생물이 생존한다. 이들은 해양의 극한 환경에서도 살아남기 위해 다양한 유전자와 대사 기작을 발전시켜 왔다. 그뿐 아니라 물질 순환, 기후변화 조절, 유용한 물질 생산과 같은 중요한 역할도 하고 있어 해양미생물은 '지구의 보이지 않는 지배자'로 불릴 정도다. 그렇지만 지금까지 배양된 해양미생물은 해양에 존재하는 미생물의 고작 1%에 지나지 않는다. 이것은 앞으로 밝혀내야 할 해양미생물이 수백만 여종 남았다는 의미이기도 하다.

대서양 심해 3,650m의 열수분출공에서 분리한 피롤로부스 푸마리*Pyrolobus fumarii*라는 고세균은 113℃에서도 잘 자라는, 참으로 경이로운 미생물이다(Anderson et al., 2011) 이 고세균은 인류 역사상 가장 고온에서 자랄 수 있는 세계 챔피언 미생물이다. 이것은 이 해양미생물이 고온에서도 파괴되지 않는 안정적인 효소를 갖고 있기 때문이다. 일반 미생물이 생성하는 효소와는 현격히 차별화된 효소 개발에 피롤로부스 푸마리 고세균은 아주 유용하게 사용될 수 있을 것이다.

주목받는 의료계의 신성, 열수생물

심해 열수분출공에서 분리된 최초의 신물질은 2009년 하와이 인근의 심해 1,174m에서 분리된 할로모나스*Halomonas* LOB-5 균주로부터 분리된 로이히첼린스*Loihichelins* A-F이다(Homann et al., 2009). 사람에게 셀레늄과 같은 금속원소가 필요하듯, 미생물도 생장하는 데 철과 같은 금속을 필요로 한다. 로이히첼린스는 해양에 미량으로 존재하는 철을 미생물이 세포 내로 흡수하기 위해 만드는 물질이다. 이러한 물질을 사이드로포어*siderophore*라고 한다. 로이히첼린스는 아미노산과 지질로 구성된 사이드로포어다. 암모니피케이션스*Ammonificins* A-D는 동태평양 해령의 심해 2,500m의 열수분출공의 침니에서 분리된 써모비브리오 암모니피케이션스*Thermovibrio ammonificans*라고 하는 심해 미생물에서 분리된 신물질이다. 이 미생물은 75℃의 고온 환경에 수소, 이산화탄소, 질산, 황 등이 있는 조건에서 잘 자란다. 암모니피케이션스 A와 B는 활성이 없었지만, C와 D는 암세포의 자살을 유도하는 활성을 갖고 있다(Andrianasolo et al., 2012). 동태평양의 또 다른 열수분출공에서 분리된 호열성 미생물인 지오바실루스 Geobacillus sp. E263 균주로부터 새로운 퀴노이드 계열의 물질이 분리되었다. 이 물질은 위암이나 유방암 세포의 세포 내에 활성산소를 축적시켜 암세포의 자살을 유도하는 효과를 지닌 것으로 밝혀졌다(Xu et al., 2017).

우리 역시 인도양의 열수분출공 주변 심해 4,317m에서 채집한 퇴적토에서 분리한 해양곰팡이 시스토바시디움 라린지스Cystobasidium laryngis 균주의 배양액으로부터 여섯 종의 신물질을 분리한 바 있다(Lee et al., 2022). 이들 신물질은 신경염증 억제 효과를 가지고 있으며 특히 페나조스타틴Phenazostatin J라고 명명한 신물질의 경우, 위암에 강력한 항암 활성(*GI$_{50}$ = 7.7 nM)을 가지고 있어서 장차 항암제의 개발에 적합한 선도물질이 될 가능성이 크다(*GI$_{50}$: 암세포의 성장을 50% 억제하는 농도로, 농도가 낮으면 낮을수록 강한 항암 활성을 가지는 것을 의미함).

열수분출공 주변에서 분리되는 심해 곰팡이들도 다양한 신물질을 생산한다. 타이완의 과학자들은 열수분출공 주변에 많이 서식하고 있는 게Xenograpsus testudinatus에서 분리한 해양 곰팡이 아스퍼질루스 클라바투스Aspergillus clavatus C2WU 균주의 배양액으로부터 새로운 항암물질(클라바투스티데스Clavatustides A and B)을 찾아냈다(Jiang et al., 2013). 이 신물질들은 네 개의 아미노산으로 구성된 펩타이드성 물질로, 간암세포의 성장을 억제하는 활성을 갖고 있었다. 그뿐만 아니라 타이완의 구이산섬Kueishantao 근처의 열수분출공 주변에서 서식

[사진 3] 심해게*Xenograpsus testudinatus*의 사진(출처: N.K. Ng (CoML, ChEss & EoL).

하는 게*X. testudinatus*로부터 분리한 또 다른 곰팡이 아스퍼질루스 버시컬러*Aspergillus versicolor* XZ-4의 배양액에서도 여덟 가지 신물질을 분리한 후 구조를 밝혀낸 바 있다(Pan et al., 2017). 그 결과, 이들 신물질 중 몇 가지는 대장균에 대한 항균 활성이 있다는 것을 확인했다.

중국의 과학자들은 2007년에 첨단 심해 연구선인 다양위하오Dayangyihao, 대양1호를 이용해 전 지구를 탐험하던 중에 남서태평양의 라우 분지 심해 2,255m의 열수분출공 주변에서 채집한 퇴적토에서 해양성 곰팡이 아스퍼질루스를 분리한 바 있다. 또한 이 균주의 배양액에서 아홉 가지 신물질을 분리해냈다(Chen et al., 2014). 그중 아스피로놀aspyronol과 에피아스피논디올epiaspinonediol이라는 신물질들이 항암 활성을 가진 것을 확인했다. 중국의 또 다른 연구자들은 대서양 심해 2,731m의 열수분출공에서도 그래포스트로마*Graphostroma* 속의 해양성 곰팡이를 분리했다. 이 곰팡이의 배양액 추출물로부터도 역시 아홉 가지 신물질 그래포스트로마네graphostromanes A-I를 찾아냈다 (Niu et al., 2018). 이들 신물질 가운데 그래포스트로마네 F는 뛰어난 항염 활성을 지닌 것으로 밝혀졌다.

지구 안의 외계, 심해의 가능성

해양은 지구 생물체의 80%가 살고 있는 생물 다양성의 원천으로 인류에게 중요한 자산이다. 그중에서도 심해 및 열수분출공의 경우는 아직도 미지의 세계로 여겨지고 있다. 미래학자들이 해양에 인류의 미래가 달렸다고 강조하는 것도 이런 이유 때문이다. 보통 심해라고 하면 200m 이하의 바다를 말한다. 하지만 이 정도의 바다를 심해라고 보기에는 약간 무리가 있다. 왜냐하면 전 세계 바다의 평균 깊이는 3,800m 정도여서 육지의 평균고도 830m보다 훨씬 깊은 바다가 많기 때문이다.

심해에 사는 생물 종의 수는 대략 1,000만~1억 종으로 추산되고 있다. 이러한 추정은 지금까지 해양 생물체의 종류를 약 20만 종으로 봤던 기존의 예상을 한참 뛰어넘는다. 또 이제까지 과학자들이 이름을 붙인 지구의 모든 동식물과 미생물을 합한 140만 종보다도 그 수가 더 많다. 해양학자들의 연구에 따르면 심해에서 발견되는 많은 종이 지금까지 보고된 적이 거의 없는 미기록종이라고 한다. 이는 마치 지구 안에 외계가 존재하는 것과 같다는 이야기다. 사실, 지금까지 우리 인류가 탐사한 면적이 고작 2%밖에 되지 않을 정도로, 심해는 아직도 미지의 영역으로 남아 있다. 이런 사실은 앞으로 심해와 열수분출공 주변의 해양생물과 각종 유전자원을 확보하고 이를 활용하는 다양한 방안이 연구될 가능성이 크다는 것이다. 이런 흥미로운 연구가 지속적으로 이어지면 놀라운 효능을 지닌 신물질들이 밝혀지고, 인류 미래는 한층 더 풍요로워질 것으로 기대된다.

1977년 미국 해군 소속의 잠수정 앨빈호가 남아메리카 갈라파고스 근처의 심해에서 열수분출공을 처음 발견한 이래 지금까지 700개가 넘는 열수분출지역이 발견되었다. 하지만 심해 열수분출공 주변 생물에 관한 연구와 신물질 연구는 현재로선 아주 초기 단계에 머물고 있다. 열수분출공의 생지화학적 특성이나 생물 다양성 및 생물들의 특이한 화학합성 능력 등을 고려하면 열수분출공 주변의 생물들은 우리가 찾는 새로운 천연물 연구나 신약 개발을 위한 새로운 자원이 될 것으로 보인다. 그렇기 때문에 앞으로 지속적인 연구와 정부의 적극적인 지원이 절실히 요구되는 분야다.

⎯⎯⎯〰 참고문헌

- Andrianasolo et al. (2011). Bathymodiolamides A and B, Ceramide Derivatives from a Deep-Sea Hydrothermal Vent Invertebrate Mussel, Bathymodiolus thermophilus. J. Nat. Prod. 74(4), 842–846.
- Anderson et al. (2011). Complete genome sequence of the hyperthermophilic chemolithoautotroph Pyrolobus fumarii type strain (1AT). Stand. Genomic Sci. 4(3), 381–392.
- Homann et al. (2009). Loihichelins A-F, a Suite of Amphiphilic Siderophores Produced by the Marine Bacterium Halomonas LOB-5. J. Nat. Prod. 72(5), 884–888.
- Andrianasolo et al. (2012). Ammonificins C and D, Hydroxyethylamine Chromene Derivatives from a Cultured Marine Hydrothermal Vent Bacterium, Thermovibrio ammonificans. Mar. Drugs 10(10), 2300-2311.
- Xu et al. (2017). A Novel Benzoquinone Compound Isolated from Deep-Sea Hydrothermal Vent Triggers Apoptosis of Tumor Cells. Mar Drugs 15(7), 200.
- Lee et al. (2022). Isolation, Structure Determination, and Semisynthesis of Diphenazine Compounds from a Deep-Sea-Derived Strain of the Fungus Cystobasidium laryngis and Their Biological Activities. J. Nat. Prod. 85(4), 857–865.
- Jiang et al. (2013). Two Novel Hepatocellular Carcinoma Cycle Inhibitory Cyclodepsipeptides from a Hydrothermal Vent Crab-Associated Fungus Aspergillus clavatus C2WU. Mar. Drugs 11(12), 4761-4772.
- Pan et al. (2017). New compounds from a hydrothermal vent crab-associated fungus Aspergillus versicolor XZ-4. Org. Biomol. Chem. 15, 1155–1163.
- Chen et al. (2014). Nine new and five known polyketides derived from a deep sea-sourced Aspergillus sp. 16-02-1. Mar. Drugs 12(6), 3116-3137.
- Niu et al. (2018). New anti-inflammatory guaianes from the Atlantic hydrotherm-derived fungus Graphostroma sp. MCCC 3A00421. Sci. Rep. 8, 530.

온누리 열수지역의
특징적 열수광물

김지훈, 임동일

인도양 중앙해령은 인도양의 중앙을 따라 위치하는 판의 발산 경계로, 심해 환경 중에서도 해저화산 및 열수활동이 활발하게 일어나고 있는 매우 역동적인 곳이다. 최근 한국해양과학기술원의 연구팀은 해양탐사선 이사부호를 이용해 그곳에서 새로운 열수분출공 여러 개를 발견했다(Kim et al., 2020). 그중 '온누리 열수지역(사진 1)'으로 명명된 열수공은 그간 인도양에서 보고된 현무암 기반의 열수분출공과는 달리 초염기성암이 해저면까지 돔 형태로 돌출된 독특한 지형ocean core complex, OCC 위에 발달한 형태였다.

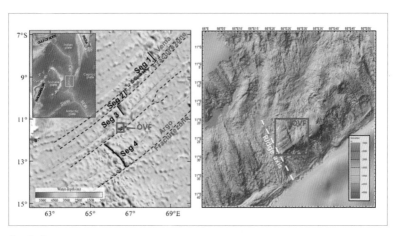

[그림 1] 인도양 중앙해령대(왼쪽, Lim et al., 2022) 및 온누리 열수지역(오른쪽, Figure made with GeoMapApp (www.geomapapp.org)/ CC BY (Ryan et al., 2009; Kim,, 2020)).

열수광물로 살펴본 온누리 열수지역

일반적으로 열수는 판의 움직임에 의해 발생하는 단층들의 틈 사이로 스며든 해수가 지각 아래 존재하는 마그마 활동으로 데워져 다시 상승하는 것인데, 이때 주변의 암석과 반응해 황, 철, 구리, 아연, 망간 등의 다양한 금속원소들을 녹여내는 것이 특징이다. 이 과정에서 다량의 금속원소들을 함유한 열수가 다시 지각 틈을 통해 주변 해수로 분출되면서 차가운 해수와 만나서 대량의 황화광물sulfide minerals을 침전시키며 굴뚝 모양의 열수분출공을 형성한다.

그런데 우리나라 연구팀이 찾아낸 온누리 열수지역은 통상적으로 볼 수 있는 굴뚝 형태의 분출공이 아닌 암석의 균열을 따라 열수가 분출되는 특이한 형태였다. 더욱이 대부분의 열수공이 마그마 기원의 높은 열을 토대로 현무암질 암석 위에 발달하고 있는 데 반해, 온누리 열수공은 해령 축ridge axis으로부터 약 11km가량 떨어진 곳에 위치했고, 특이하게도 맨틀 물질의 초염기성 감람암과 염기성 반려암으로 구성된 기반암 위에 발달하고 있었다(Kim et al., 2020). 이곳에서 초염기성암과 반응, 즉 사문암화 작용serpentination을 통해 발생하는 해수의 온도는 200℃ 이상으로 추정되는 고온으로, 온누리 열수공을 형성하는 주된 원동력으로 해석된다(Lim et al., 2022). 이런 사문암화 작용에 의한 열수 발생 기원은 열수 풀룸에서 확인되는 높은 메탄(CH_4) 농도로도 입증된다(Kim et al., 2020).

인도양의 기존의 다른 열수지역에서는 전혀 보고된 바 없는 중정석$BaSO_4$과 활석$Mg_3Si_4O_{10}(OH)_2$의 독특한 열수광물이 산출된 것은 온누리 열수지역의 특징인데, 이것은 강한 열수활동의 증거로 나타난다. 일반적으로 중정석과 활석은 화장품이나 플라스틱 등의 생활용품이나 공업, 건축, 의료 등 다양한 분야에서 널리 활용되는 광물이다. 특히 중정석은 판상의 결정들이 방사상 또는 괴상으로 배열된 광물로, 열수 내 환원 황이 산화되면서 침전되거나 생물작용 또는 증발 작용 같은 다양한 방식으로 형성되며, 세계의 다양한 환경에서 발견된다(Hanor, 2000). 자연산 광물 중 경도가 가장 낮은 활석의 경우는 백운암과 마그네사이트의 이차 변질 또는 초염기성암인 사문석이 열수에 의해 변질되어 생성되기도 한다.

온누리 열수지역의 열수 퇴적물에서 발견되는 중정석 입자의 크기

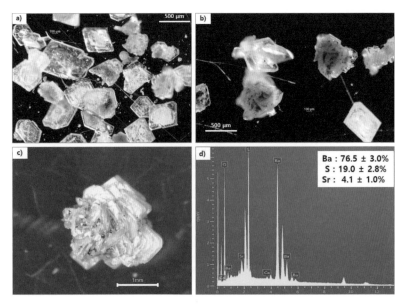

[그림 2] 온누리 열수지역에서 발견된 중정석 입자의 광학현미경(a와 b)과 실체현미경(c) 사진 및 원소 성분(d).

100~500μm마이크로미터, 1μm = 0.001mm이며, 전반적으로는 무색이고 투명하지만 불순물이 포함되면 불투명한 갈색을 띤다(그림 2a와 2b). 중정석 입자들은 여러 개의 판상형 결정이 겹쳐진 전형적인 장미꽃 모양이며(그림 2c), 평균적으로는 바륨Ba 75%, 황S 20% 스트론튬Sr 5%로 구성된다(그림 2d). 중정석을 구성하는 황과 스트론튬의 안정동위원소 비율은 중정석이 반려암과의 반응으로 형성된 열수 용액으로부터 기원한 바륨과 해수에 풍부한 황산염SO_4^{2-}이 서로 결합-침전함으로써 형성되었다는 것을 말해준다(그림 3).

한편, 온누리 열수지역에서 발견되는 활석 입자들의 크기는 약

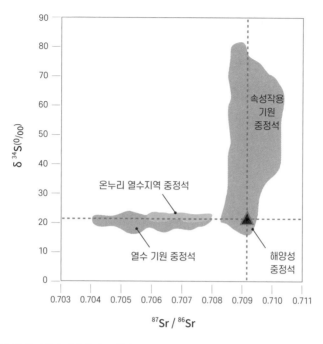

[그림 3] 중정석의 기원에 따른 황과 스트론튬 안정동위원소 비의 범위(Lim et al., 2022). 온누리 열수지역에서 발견된 중정석은 열수 기원 범위에 들어가는 것을 볼 수 있다.

1~5mm이며, 흰색이나 회백색을 띤다(그림 4a와 4b). 이들 활석은 점토광물에서 볼 수 있는 전형적인 벌집 또는 망상형의 미세구조를 갖고 있고(그림 4c), 주로 규소Si와 마그네슘Mg 원소로 구성되어 있다(그림 4d). 일반적으로 열수에서 발견되는 활석은 규소가 풍부한 열수와 해수가 혼합되면서 결합-침전되거나(Hodgkinson et al., 2015), 마그네슘이 풍부한 사문암 또는 휘석-감람석의 교대작용에 의해 형성된다(Boschi et al., 2008). 온누리 열수지역에서 발견된 활석의 스트론튬 동위원소 비율(0.7062~0.7075 범위, Lim et al., 2022)이 해수의 스트론

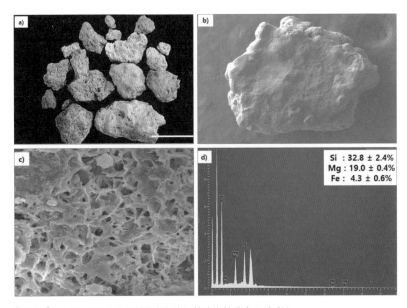

[그림 4] 온누리 열수지역에서 발견된 열수 활석의 형태와 구성성분.
(a) 실체현미경 촬영 사진, (b) SEM 촬영 사진, (c) SEM으로 촬영한 활석의 미세구조Boxwork-like microstructure 모습, (d) EDS로 분석한 활석 구성성분.

[그림 5] 온누리 열수지역의 활석에서 발견되는 황철석(왼쪽)과 비정질 이산화규소 광물(오른쪽).

튬 동위원소 비율(0.70917)과 유사하다는 것은 암석의 교대작용보다는 해수와 열수가 혼합되는 동안 수층에서 자생적으로 침전해서 형성되었다는 것을 시사한다. 더욱이 활석 광물과 함께 황철석과 비정질 이산화규소 광물이 온누리 열수지역에서 산출되는 것은 활석이 열수와 해수의 혼합으로 형성된 것임을 뒷받침하고 있다(그림 5).

이처럼 맨틀 물질의 초염기성암(부분적으로 염기성암인 반려암 포함)에 기반한 온누리 열수지역은 사문암화 작용에 의해 바륨, 규소 그리고 메탄이 풍부한 열수가 해수로 분출되고, 주변 해수와 혼합되면서 다량의 열수 기원 중정석과 활석을 침전시키는 독특한 열수 환경을 형성한다. 이러한 열수광물의 존재는 인도양 중앙해령에서 새롭게 발견된 온누리 열수지역이 기존의 현무암질 열수와는 다른 맨틀암의 사문암화 작용에 의해 구동되는 독특한 열수 시스템임을 대표하는 중요한 지시자proxy로 제시될 수 있다.

～～～ 참고문헌

- Boschi, C. et al. (2008). Isotopic and element exchange during serpentinization and metasomatism at the Atlantis Massif (MAR 30 N): insights from B and Sr isotope data. Geochimica et Cosmochimica Acta, 72(7), 1801-1823.
- Hodgkinson, M. et al. (2015). Talc-dominated seafloor deposits reveal a new class of hydrothermal system. Nat Commun 6, 10150 (2015).
- Hanor, J. S. (2000). Barite–Celestine Geochemistry and Environments of Formation. Reviews in Mineralogy and Geochemistry 2000, 40 (1): 193–275. doi: https://doi.org/10.2138/rmg.2000.40.4
- Kim, J. (2020), "Dataset for research paper titled "Discovery of active hydrothermal vent fields along the Central Indian Ridge, 8S-12S"", Mendeley Data, V1, doi: 10.17632/nm2sbbjx59.1
- Kim, J et al. (2020). Discovery of active hydrothermal vent fields along the Central Indian Ridge, 8–12 S. Geochemistry, Geophysics, Geosystems, 21(8), e2020GC009058.
- Lim et al.(2022). Characterization of geochemistry in hydrothermal sediments from the newly discovered Onnuri vent field in the middle region of the Central Indian Ridge. Frontiers in Marine Sciece, 9. 810949.
- Ryan, W. B. F. et al.(2009), Global Multi-Resolution Topography (GMRT) synthesis data set, Geochem. Geophys. Geosyst., 10, Q03014, doi:10.1029/2008GC002332. Data doi: 10.1594/IEDA.0001000

심해 열수지역 미생물로
생명 기원을 추척하다

권개경, 김윤재

지구상에서 심해 열수공이 발견된 지 고작 45년밖에 되지 않았다. 그럼에도 심해 열수공은 지금까지 볼 수 없었던 독특한 생태계라는 점과 함께 새로운 생명 자원의 보고라는 점에서 각별한 주목을 받고 있다. 심해 열수공 주변에 가장 많이 서식하는 것이 특이한 미생물이란 점도 흥미롭지만, 더욱 놀라운 것은 이 미생물이 매우 높은 온도에서도 생존할 수 있다는 점이다. 그렇다면 이 미생물들의 특이한 기능과 효소를 활용하면 우리 인류가 지금껏 알고 있는 것보다 훨씬 더 효과적인 일을 많이 할 수 있지 않을까? 여기서는 심해 열수공을 인류의 영원한 숙제인 생명 탄생의 장이란 관점에서 살펴보고 심해 열수공 미생물들의 유용성에 대해 알아보고자 한다.

생명체 탄생의 새로운 가설

지구촌을 통틀어 거의 모든 사람이 궁금하게 여기는 의문이 있다. 바로 생명의 비밀이다. "지구상에 최초의 생명체는 어떻게 탄생했을까?" 이런 본질적 물음과 관련해 우리는 어릴 때 교과서를 통해 배운 아주 인상적인 가설을 떠올릴 수 있다. 그것은 러시아 과학자인 알렉산드로 오파린Alexander Oparin이 주장한 '코아세르베이트coacervate 가설'이다. 이 가설은 지구의 생명체 기원을 다음과 같이 설명한다.

1. 원시 지구의 대기는 메탄, 암모니아, 수소, 수증기로 이뤄져 있었다.
2. 여기에 번개가 내리치면서 에너지가 공급되었다.
3. 이 원소들이 서로 결합하면서 간단한 유기물들이 만들어졌다.
4. 이렇게 만들어진 유기물들이 바닷속이나 진흙 속에서 뭉쳐졌다(코아세르베이트가 되었다).
5. 점점 더 복잡한 형태로 뭉쳐지면서 생명체가 탄생했다.

이런 종류의 가설, 이른바 지구상에서 무기물들이 유기물로 합성되어 생명체로 진화했다는 가설을 일컬어 '화학진화설'이라고 한다. 참고로 코아세르베이트 가설을 구성하는 1~3번의 과정은 1953년 미국 과학자인 스탠리 밀러와 해럴드 유리가 실험으로 증명한 바 있다.

또 다른 가능성은 없을까? 다른 가설들 중 널리 주목받는 것은 지구 생명체가 우주에서 왔다는 가설이다. 이 가설은 '배종발달설'이라고 한다. 배종발달설은 철학에 기반한 가설로서, 생명체의 근간을 이루는 유기물이 우주로부터 유입된 것으로 본다. 하지만 이 가설의 맹점은 우주에서 왔다는 그 생명체는 또 어디에서 만들어졌는지에 대한 의문에 있다. 결국, 배종발달설은 지구만 한정해서 보면 생명 기원의 의문점을 해결할 수 있지만, 근본적인 생명 자체에 관한 문제는 여전히 풀 수 없다는 단점을 가질 수밖에 없다.

놀랍게도 심해 열수공은 바로 이런 생명 탄생의 기원에 관한 의문을 푸는 데 새로운 가능성을 던져주었다. 열수공이 어떻게 생명 탄생의 공간으로 주목받게 되었는지 본격적으로 언급하기에 앞서, 도대체 열수공이 무엇인지부터 다시 한번 살펴보기로 하자.

스스로 영양분을 만드는 미생물들

지구는 두께 100km 안팎의 암석 판 10여 개가 겉 부분을 둘러싼 구조로 되어 있다. 이 판들이 만나는 경계면에서는 하나의 판이 다른 판 밑으로 말려 들어가는 현상이 생긴다. 심해 열수공은 수천 미터 깊이에 있는 해저 밑바닥의 판 경계면에서 지각 사이로 침투한 해수가 마그마와 접촉하면서 데워진 후 그 마그마 성분과 함께 뿜어져 나오는 곳이다. 심해 열수공에서 뿜어져 나오는 분출물은 수백 도에 이를 정도로 온도가 높고 철과 같은 다양한 금속원소가 환원된 형태로 혼합되어 있다. 주로 황화합물의 형태로 이루어져 있어 이를 일컬어

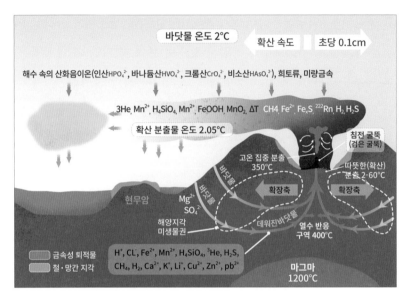

[그림 1] 심해 열수공의 생성 원리 및 관련 생지화학적 물질들.

황화물로 부른다(그림 1). 이 분출물들은 분출되자마자 심해의 차가운 바닷물과 만나 급속도로 식으면서 굴뚝처럼 점점 위로 쌓이게 된다. 이렇게 굴뚝처럼 쌓인 구조물을 열수분출공이라고 한다.

그런데 이 열수분출공에서 나오는 물질에는 금속 원소만 존재하는게 아니다. 그것과 더불어 수소, 이산화탄소, 메탄과 같은 다양한 기체 성분도 함께 있다. 다시 말해 심해 열수공에서는 금속과 가스가 뒤섞여 분출될 뿐만 아니라 높은 온도와 압력이 동시에 작용한다는 얘기다. 높은 온도와 압력이 존재하고, 메탄, 수소, 이산화탄소가 뒤섞여 있다는 것은 앞서 말한 밀러와 유리가 '생명의 기원'에 관해 실험한 조건과 매우 흡사했다. 그렇다면 여기에 전기만 있으면 전기불꽃이 튀면서 유기물이 만들어지지 않을까? 계속된 의문은 연구의 열정을 자극했다.

앞서 살펴본 것처럼 열수분출공은 금속 중에서도 양이 많은 철이 황과 결합한 황철석이 주를 이룬다. 만약 구성성분이 철이면 전기가 흐를 수 있지 않을까? 이를 궁금히 여긴 과학자들은 열수분출공에 전기 전도 여부를 조사했다. 그 결과, 실제로 열수분출공에서는 전기를 끌어다 써도 될 정도로 많은 전기가 만들어진다는 사실을 확인했다.

이로써 두 가지 사실이 확실해졌다. 열수분출공에는 에너지만 공급하면 유기물을 만들 수 있는 가스가 존재한다는 점, 열수분출공 자체에는 에너지를 공급해줄 전기가 흐르고 있다는 점이다. 과학자들은 그 외 다른 조건들이 궁금했다. 그중 하나가 열수 환경이 세포에서 일어나는 생명반응과 비슷한 환경을 제공할 수 있는지 여부였다.

지구상에 존재하는 생물 중 가장 오래된 것으로 생각되는 것은 아키아archaea: 고균 또는 시원세균으로 불림다. 그런데 이들 가운데는 무려 80℃ 이상의 온도를 선호하는 아키아가 있다. 높은 온도를 선호라는 아키아를 초호열성 미생물이라고 한다. 특히 100℃ 이상의 온도를 선호하고 스스로 메탄을 만들면서 자라는 메탄 생성 아키아methanogen가 바로 이 심해 열수지역에 서식하고 있었다. 이런 메탄 생성 아키아 외에도 열수지역에는 열수공에서 분출되는 황화물에서 에너지를 얻어 살아가는 독립영양 미생물들도 존재했다.

만약 심해 열수지역에서 최초의 세포 비슷한 것이 만들어졌다면 그것들 역시 지금의 열수지역에서 목격되는 화학합성 독립영양 미생물들과 비슷한 방법으로 에너지를 얻었을 것이다.

조금씩 밝혀지는 생명 기원의 비밀

초기 지구의 열수지역 환경이 진짜로 세포 내부와 비슷한지 알아보기 위해 미국의 윌리엄 마틴William Martin 박사 연구팀이 분석에 나섰다. 분석 결과, 그 알칼리성 열수 환경이 화학합성 독립영양 미생물에서 진행되는 대사 과정과 유사한 환경임을 확인했다(Lane 등, 2010).

산소가 없었던 명왕누대 시대Hadean, 40~46억 년 전에는 분출공 자체에 미세한 구멍들이 벌집처럼 분포했을 테고, 여기에서 수소가 포화된 알칼리성 분출물이, 상대적으로 산성이면서 이산화탄소가 풍부한 해수와 혼합되었을 것이다. 이때 분출공에 풍부하게 존재하는 니켈황철석(Fe(Ni)S 화합물)이 전기 전달의 촉매 역할을 했을 것이다. 다시 말하자면 분출공의 미세한 구멍들은 수소와 메탄, 이산화탄소가 만나면서 전기화학 반응을 일으키는 공간으로 바뀐 것이다. 이때 알칼리성인 분출물과, 상대적으로 산성인 해수 사이에는 pH 기울기pH gradient: 수소이온 농도 차이가 생기고, 이 pH 기울기는 세포막에서 에너지를 생산하는 과정과 동일하게 양성자 구동력proton motive force으로 작용함으로써 이산화탄소가 유기물로 전환되는 반응을 일으키는 것으로 추측했다.

이 가설은 실제로 미세한 구멍에서 지질과 단백질, 뉴클레오티드nucleotides: 핵산의 구성성분 등 세포의 구성성분들이 만들어진다는 사실을 확인함으로써 입증되었다(그림 2; Lane 등, 2010).

이상의 내용을 브라이언 스키너Brian Skinner와 바버라 무크Barbara

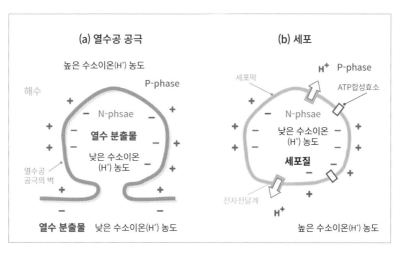

[그림 2] 열수공 공극에서의 열수분출물-해수 접점(a)과 세포(b)에서의 화학삼투 특성 비교. 이 그림은 Lane 등의 2010년 논문에 수록된 그림 1을 원형으로 새롭게 제작한 것임.

Murck 박사는 다음과 같이 정리했다.

> 초기 유기물들이 심해 열수공 주위의 황철석 표면에서 생성되었
> 고, 화학적 진화 대부분은 이곳에 축적된 유기물층에서 이루어
> 졌을 것이다. 이러한 유기물층에서 생겨나는 반응은 생명체 내
> 에서 일어나는 생화학적 반응과 유사했으며, 이 생성물들이 초
> 기 세포로 진화했을 것이다.

생명체들이 생존하려면 무엇보다 충분한 에너지를 얻을 수 있어야 한다. 만약 초기 생명체들이 심해 열수공에서 만들어졌다면, 과연 이들은 어떻게 충분한 에너지를 얻을 수 있었을까? 이러한 의문의 답

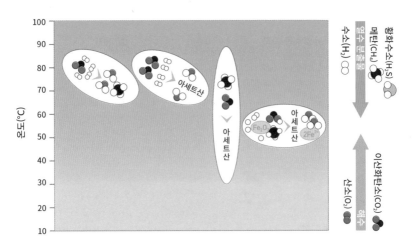

[그림 3] 수소가 풍부하던 원시지구에서 가능했을 것으로 추정되는 화학합성 경로 중 주요 경로가 진행되는 온도(Shibuya 등의 2016년 논문을 토대로 작성한 것임).

을 찾기 위해 일본해양연구개발기구의 다카이 겐 박사 연구팀은 화학합성 독립영양 과정에서는 얼마만큼의 에너지를 얻을 수 있을지를 파악하고자 원시지구 조건을 가정한 열역학 반응 예측McCollom-Shock's prediction을 시도했다. 다카이 연구팀의 계산 결과, 원시지구의 알칼리성 열수공 환경에서는 온도에 따라 반응이 뚜렷이 달라졌다(Shibuya 등, 2016). 즉 높은 온도에서는 열수공에서 나오는 수소와 해수 속의 이산화탄소를 이용해 아세트산이나 메탄을 만드는 반응이 주로 일어나고, 열수 분출물이 해수와 만나면서 온도가 떨어지면 수소 대신 철 환원 반응을 통해 아세트산 또는 메탄을 만들거나 고온에서 만들어진 메탄을 이용해 아세트산을 만드는 반응이 주로 일어난다는 것이다.

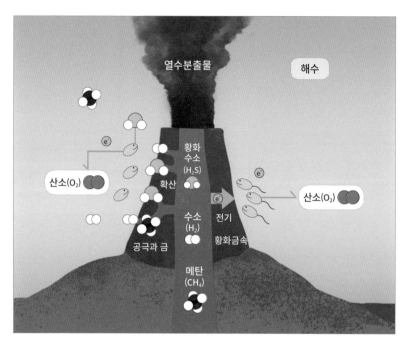

[그림 4] 심해 열수공에서 전기미생물elecctrotroph의 에너지 대사 과정(다카이 겐 박사의 학술발표 그림을 바탕으로 재작성한 것임).

한편, 수소가 아닌 전기를 이용해 유기물을 만들어내는 전기 미생물의 발견은 원시지구의 알칼리성 열수공에서 생명 진화 과정을 새롭게 살필 수 있게 해주는 깜짝 놀랄 만한 계기였다(그림 4). 이 미생물들이야말로 초기 열수공에서 일어나던 반응, 즉 전기를 이용해서 유기물을 합성하는 과정을 그대로 보여주는 증거일 것이다.

물론 생명체가 만들어질 수 있는 다른 가능성도 많겠지만, 오늘날 진화학자들 사이에서는 심해 열수공에서 나타나는 화학반응이야말로 지구상의 생명체가 만들어질 수 있는 가장 큰 가능성으로 여겨지고 있다. 진화론의 관점에서 보면, 우리 인간 역시 수십억 년 전에는 심해 열수공에서 시작된 전기화학반응으로 생성된 초기 생명체의 후손인 셈이다.

뜨거운 물에서 살아가는 미생물

심해 열수공은 최초의 생명이 탄생했을 가능성 못지않게 다양한 미생물들의 서식처라는 관점에서도 매우 중요한 곳이다. 심해 열수공은 수백 도가 넘는 분출물이 차가운 해수와 만나면서 온도가 점점 떨어지고 호흡에 사용할 수 있는 물질(전자수용체)들도 달라진다. 즉 온도와 pH, 산소의 역할을 대신하는 전자수용체와 먹이인 전자공여체가 열수분출공으로부터 거리에 따라 달라지고, 각각의 구간마다 해당 구간의 환경에 맞춰 전혀 다른 종류의 미생물들이 살도록 만든다. 그림 5는 온도와 전자수용체/공여체를 기준으로 살아가는 미생물들을 정리한 것이다.

2007년 열수 미생물 연구를 선도하는 연구자들은 열수 미생물이 에너지를 만드는 과정인 대사경로 20종류를 검토했다(표 1). 이 가운데 15가지 경로는 선도 연구자들이 연구해서 발표한 2007년까지 발견되었지만 네 가지 경로는 그때까지 확인되지 않았고, 경로 중 한 가지는 실현 불가능한 것으로 판명되었다(Fisher 등, 2007). 발견된 경로 중에서도 해당 미생물이 전혀 배양되지 않은 경우까지 합해 총 다

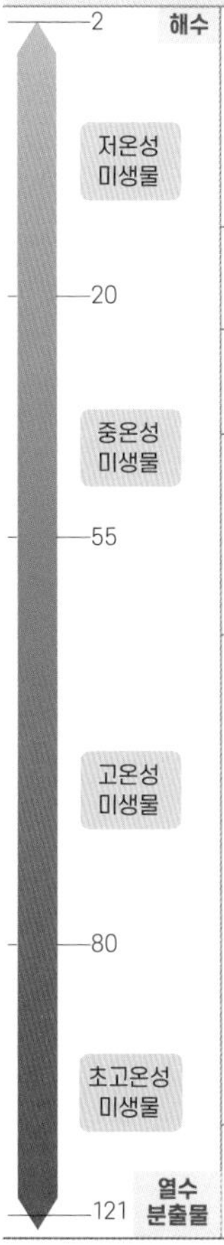

온도(°C)		분류군	에너지 대사		
			전자 공여체	전자 수용체	전자공여체 /수용체
2 해수	2-10	감마프로테오박테리아 (SUP05그룹과 *베지아토아*)	황(S⁰), 수소(H₂)	산소 (O₂)	산화 환경 CH₂O / O₂
저온성 미생물		엡실론프로테오박테리아 (*아르코박터*)	황	산소	HS⁻ / O₂ 호기 조건
20	10-40	엡실론프로테오박테리아 (설퓨리모나스, 설퓨로붐)	황	질산염 (NO₃²⁻)	H₂ / O₂
중온성 미생물	20-60	어쿠이피카목의 어쿠이피카과 균주들	수소	산소	
55	40-70	엡실론프로테오박테리아 (캄필로박터, 노틸라)	황, 수소	질산염	HS⁻ / NO₃⁻
		메타노살시나목 균주들	메탄(CH₄)	황산염	혐기 조건
고온성 미생물	60-80	어쿠이피카목의 디설포박테리아과 균주들	수소	질산염, 황	H₂ / SO₄²⁻
		써모코커스	유기물 (CH₂O), 메탄	황	메탄 생성 조건
80		다양한 아키아(DHVE2 그룹 과 아키오글로부스), 세균들		황산염, 황, 3가 철 (Fe(III))	
초고온성 미생물		메타노코커스, 메타노칼도코커스 외 메타노살시나목 균주들	수소	이산화탄 소(CO₂)	H₂ / CO₂
열수 분출물 121	>90	메타노파이리	수소	이산화 탄소	환원 환경

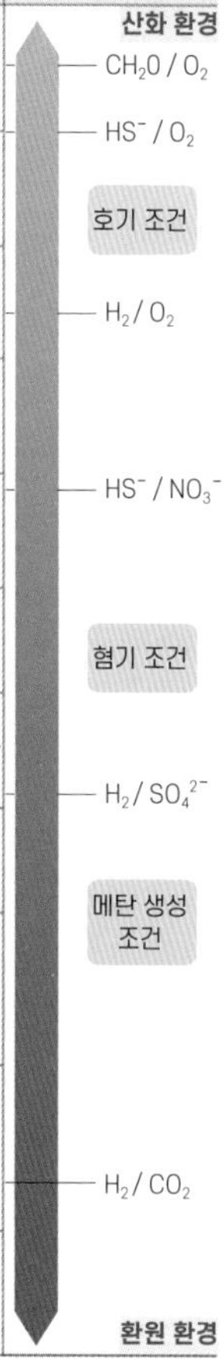

[그림 5] 열수지역의 일반화된 특성: 온도와 에너지 대사에 따른 미생물 분류군 분포도(Dick 2019의 그림을 수정 작성한 것임).

섯 가지 경로에 관해서는 경로 확인과 더불어 미생물의 배양이 요구되는 상황이었다. 이 가운데 질산염을 이용하는 철 산화 경로는 제

에너지 대사	전자 공여체	전자 수용체	산화환원 반응	동정	배양
메탄영양methanotrophy	메탄(CH₄)	산소(O₂)	$CH_4 + 2O_2 = CO_2 + 2H_2O$	확인	가능
메탄영양/황산염 환원 sulfate reduction	메탄	황산염(SO₄²⁻)	$CH_4 + SO_4^{2-} = HCO_3^- + HS^- + H_2O$	확인	공배양 가능
메탄영양/탈질denitrification	메탄	질산염(NO₃⁻)	$CH_4 + 2NO_3^- = HCO_3^- + 3OH^- + N_2$	확인	가능
수소 산화H2 oxidation 메탄 생성methanogenesis	수소(H₂)	CO₂	$N_2 + 1/4CO_2 = 1/4CH_4 + 1/2H_2O$	확인	가능
수소 산화/황산염 환원	수소	황산염	$H_2 + 1/4SO_4^{2-} + 1/2H^+ = 1/4H_2S + 1/2H_2O$	확인	가능
수소 산화/황 환원	수소	황(S⁰)	$H_2 + S^0 = H_2S$	확인	가능
황 산화S oxidation	황화수소(H₂S)	산소	$H_2S + 2O_2 = SO_4^{2-} + 2H^+$	확인	가능
황 산화	황	산소	$S^0 + H_2O + 3/2O_2 = SO_4^{2-} + 2H^+$	확인	가능
황 산화	치오황산염(S₂O₃²⁻)	산소	$S_2O_3^{2-} + 6OH^- + O_2 + 4H^+ = 2SO_4^{2-} + 7H_2O$	확인	가능
황 산화/탈질	치오황산염	질산염	$S_2O_3^{2-} + 6OH^- + 4/5NO_3^- + 4/5H^+ = 2SO_4^{2-} + 17/5H_2O + 2/5N_2$	확인	가능
황 산화/탈질	황	질산염	$S^0 + 32/5H_2O + 6/5NO_3^- = SO_4^{2-} + 34/5H^+ + 3/5N_2 + 6OH^-$	확인	가능
황 산화/탈질	황화수소	질산염	$H_2S + 36/5H_2O + 16/5NO_3^- = 2SO_4^{2-} + 84/5H^+ + 8/5N_2 + 16OH^-$	확인	가능
수소 산화	수소	산소	$H_2 + 1/2O_2 = H_2O$	확인	가능
수소 산화/철환원	수소	3가 철(Fe(III))	$H_2 + 2Fe^{3+} = 2Fe^{2+} + 2H^+$	확인	가능
철 산화	2가 철(Fe(II))	산소	$Fe^{2+} + 1/4O_2 + H^+ = Fe^{3+} + 1/2H_2O$	확인	가능
철 산화/탈질	2가 철	질산염	$Fe^{2+} + 1/5NO_3^- + 2/5H_2O + 1/5H^+ = 1/10N_2 + Fe^{3+} + OH^-$	확인	가능
망간 환원	수소	이산화망간(MnO₂)	$H_2 + MnO_2 + 2H^+ = Mn^{2+} + 2H_2O$	미확인	미확인
질화Nitrification	아질산염(NO₂⁻)	산소	$NO_2^- + 1/2O_2 + 2OH^- + 2H^+ = NO_3^- + 2H_2O$	미확인	미확인
질화	암모니아(NH₃)	산소	$NO_3^- + 3OH^- + O_2 = NO_2^- + 3H_2O$	확인	가능
수소 산화/탈질	수소	질산염	$H_2 + 2/5NO_3^- + 2/5H_2O = 1/5N_2 + 8/5H^+ + 2OH^-$	확인	가능

[표 1] 심해 열수지역에서 가능할 것으로 예측된 대사 경로들과 발견 현황 및 해당 미생물의 배양 가능 여부 검토. (Fisher et al. 2007의 표에 최신 결과들을 포함하여 수정 작성한 것임)

타프로테오박테리아Zetaproteobacteria가 수행 가능하다고 판단되었고 (McAllister 등, 2019), 메타게놈 연구를 통해 아직 배양되지 않은 미생물인 칸디타투스 페리스트라툼Candidatus Ferristratum 종들도 이 기능을 수행할 수 있는 것으로 확인되었다(McAllister 등, 2020). 암모니아 산화를 통한 질산화 과정은 아모amoA 유전자의 검출과 암모니아를 산화하면서 에너지를 얻는 나이트로소푸밀리아과Nitrosopumilaceae에 속하는 미생물들의 분리를 통해 확인되었다. 메탄영양/탈질(질산염이 환원되면서 분자상 질소가 생성되는 생물반응의 과정, 질산염이 산소 대신 사용됨) 과정은 불가능한 것으로 여겨졌지만, 최근 연구 결과에 따르면 메틸로썰무스과Methylothermaceae에 속하는 미생물이 수행할 수 있는 것으로 확인되었다(Skennerton 등, 2015). 아질산염의 질화 과정은 니트로스피라균문Nitrospirae에 속하는 미생물들이 수행할 수 있는 것으로 (Ding 등, 2017), 메탄영양/황산염 환원 과정은 해당 미생물이 아직까지 단독 배양에는 이르지 못했지만 혼합 배양까지는 가능한 것으로 확인되었다(Cassarini 등, 2019). 열수 환경 미생물 연구의 역사는 한편으로는 새로운 대사 과정의 추적과 해당 미생물의 분리를 통한 대사 과정의 확인 과정이라 할 수 있다.

앞서 언급한 바와 같이, 심해 열수 환경 중 열수공 내부 지역은 온도가 수백 도에 달하는 열수공에 가까운 지역부터 0℃ 근처까지 떨어질 정도로 온도의 차이가 발생하는 지역 모두를 일컫는다. 이 지역에 서식하는 고온성 미생물은 최적 생육 온도에 따라 고온성(50~80℃) 미생물과 초고온성(80℃ 이상) 미생물로 나뉜다. 그런데 특이하게도 초고온성 미생물의 경우는 박테리아 두 개 속genus을 제외하고 모두 고세균에 포함된다. 채집해 배양에 성공한 고세균 중에는 무려 122℃에서도 성장할 수 있는 메탄 생성균(*methanopyrus kandlleri*)도 존재했다(Takai 등, 2008). 일반인들의 상식으로는 쉽게 믿기지 않겠지만, 심해 열수공에서 유래한 초고온 고세균은 앞으로 생물공정, 효소 분야 등 다양한 분야에 활용 가능할 것으로 예측된다.

미국 에너지청United States Department of Energy, DOE에서는 이산화탄소 저감을 위한 탄소 포집-저장-활용기술carbon capture, utilization, and storage, CCUS을 개발하고 있다. 그 연구 중 하나(Conrado 등, 2013)는 심해 열수공 유래 초고온 고세균 파이로코커스 퓨리오서스*Pyrococcus furiosus*에 필요한 외래 유전자를 도입하면서 방해되는 유전자들을 제거하는 유전공학 기술을 이용해서 이산화탄소로부터 생화학물질biochemicals을 생산하는 기술을 개발하는 것이다(그림 6). 보고에 따르면, 개량된 파이로코커스 퓨리오서스 균주는 이산화탄소로부터 프로피온산 계열의 유기물3-Hydroxypropionate을 생산할 수 있는 것으로 보고되었다(Hawkins 등, 2015; Thorgersen 등, 2014).

국내에서는 세계 최초로 초고온 고세균 써모코커스 온누리우스 *Thermococcus onnurineus*를 이용한 해양 바이오 수소 생산기술 개발 등이 실용화 단계에 근접한 상태다. 한국해양과학기술원에서는 2002년 남태평양 심해 열수지역에서 수소 생산이 가능한 초고온성 고세균을 발견한 뒤 10여 년간의 지속적인 연구개발을 통해 50톤 규모의 시험 생산 공장을 구축하는 데 성공함으로써 세계 최초로 부생가스(일산화

[사진 1] 서부발전 바이오 수소 생산을 위한 50톤 규모 실증 생산 시설(사진 제공: 한국해양과학
기술원 강성균).

탄소로/이산화탄소/수소 포함)에 접목해 해양 바이오 수소를 얻을 수 있
는 실증 생산의 실용화 단계에 이르렀다(사진 1).

또한 초고온성 미생물 유래의 내열성을 지닌 효소 분야에 관해서
도 활발한 연구가 이루어지고 있다. 초고온성 고세균은 80℃ 이상에
서 자라기 때문에 이 균주의 내열성 효소는 보통 고온(70~100℃)에서
활성을 가질 뿐 아니라 무엇보다 유기용매, 계면활성제, 효소변성제
등에 대해서도 매우 안정적이라는 장점이 있다. 현재 산업적으로 활
용되고 있는 초고온성 미생물 유래의 내열성 효소로는 단백질 분해
효소(프로테아제proteases), 다당류 분해효소(아밀라아제amylases), DNA
조작 효소(DNA ligase, dUTPase 등), 핵산 중합효소DNA polymerases 등
을 들 수 있다. 이 가운데 특히 고부가가치 효소인 핵산 중합효소는

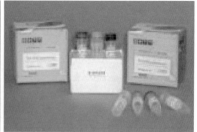

[사진 2] 초고온성 고세균 써모코커스 온누리우스로부터 DNA 중합효소 개발.
(사진 제공 _ 한국해양과학기술원 이정현 박사)

국내 최초로 초고온 고세균(써모코커스 온누리우스 NA1) 유래의 원천
기술을 확보한 바 있다. 패밀리 B-타입 DNA 중합효소에 포함되는 이
효소는 이미 상용화된 박테리아 유래 패밀리 A-타입인 Taq DNA 중
합효소와 비교해 우수한 신장력, 속도 및 정확도를 나타내는 것으로
보고되었고, 연쇄중합반응polymerase chain reaction, PCR 키트로도 개발되
었다(사진 2).

초고온성 미생물 유래의 내열성 효소는 생명공학, 화학, 식품·사
료, 섬유·피혁, 에너지 등 다양한 산업에 활용될 수 있어 미래 생명공
학 산업의 근간이 될 것으로 예측된다.

생명 탄생의 장소로 예측되는 심해 열수공에는 높은 온도와 압력,
열수 분출물에 포함된 높은 농도의 가스와 금속이온들로 인해 지상
에서는 도무지 볼 수 없는 새로운 종류의 미생물과 대사 과정들이 존
재한다. 이제 과학자들의 지속적인 심해 열수공 연구를 통해 생명 탄
생에 대한 비밀이 밝혀진다면 새로운 시대에 필요한 생명공학 기술
개발도 가능할 것이라 믿는다.

〰〰 참고문헌

- Cassarini C, Zhang Y, Lens PNL. 2019. Pressure Selects Dominant Anaerobic Methanotrophic Phylotype and Sulfate Reducing Bacteria in Coastal Marine Lake Grevelingen Sediment. Front environ Sci 6, 162.
- Conrado RJ, Haynes CA, Haendler BE, Toone EJ. 2013. Electrofuels: A new paradigm for renewable fuels. pp. 1037-1064 In: Lee J (eds) Advanced Biofuels and Bioproducts. Springer, New York, NY.
- Dick GJ. 2019. The microbiome of deep-sea hydrothermal vents: distributed globally, shaped locally. Nature Rev Microbiol 17, 271-283.
- Ding J, Zhang Y, Wang H, Jian H, Leng H, Xiao X. 2017. Microbial Community Structure of Deep-sea Hydrothermal Vents on the Ultraslow Spreading Southwest Indian Ridge. Front Microbiol 8, 1012.
- Fisher CR, Takai K, Le Bris N. 2007. Hydrothermal vent ecosystems. Oceanography 20, 14-23.
- Hawkins AB, Lian H, Zeldes BM., Loder AJ, Lipscomb GL, Schut GJ, Keller MW, Adams MWW, Kelly RM. 2015. Bioprocessing analysis of Pyrococcus furiosus strains engineered for CO2-based 3-hydroxypropinate production. Biotechnol Bioeng 112, 1533-1543.
- Lane N, Allen JF, Martin W. 2010. How did LUCA make a living? Chemiosmosis in the origin of life. BioEssays 32, 271-280.
- McAllister SM, Moore RM, Gartman A, Luther GW III, Emerson D, Chan CS. 2019. The Fe(II)-oxidizing Zetaproteobacteria: historical, ecological and genomic perspectives. FEMS Microbiol Ecol 95, fiz015.
- McAlister SM, Vandzura R, Keffer JL, Polson SW, Cham CS. 2020. Aerobic and anaerobic iron oxidizers together drive denitrification and carbon cycling at marine iron-rich hydrothermal vents. ISME J 15, 1271-1286.
- Shibuya T, Russell MJ, Takai K. 2016. Free energy distribution and hydrothermal mineral precipitation in Hadean submarine alkaline vent systems: Importance of iron redox reactions under anoxic conditions. Geochim Cosmochim Acta 175, 1-19.
- Skennerton CT, Ward LM, Nichel A, Metcalfe K, Valiente C, Mullin S, Chan KY, Gradinaru V, Orphan VJ. 2015. Genomic reconstruction

of an uncultured hydrothermal vent Gammaproteobacterial methanotroph (Family Methylothermaceae) indicates multiple adaptations to oxygen limitation. Front Microbiol 6, 1425.

- Skinner BJ, Murck BW. 2011. The Blue Planet, an introduction to earth system science, Volume 3. WILEY. ISBN 978-0-471-23643-6.
- Takai K, Nakamura K, Toki T, Tsunogai U, Miyazaki M, Miyazaki J, Hirayama H, Nakagawa S, Nunoura T, Horikoshi K. 2008. Cell proliferation at 122 degrees C and isotopically heavy CH4 production by a hyperthermophilic methanogen under high-pressure cultivation. Proc Natl Acad Sci USA 105, 10949-10954.
- Thorgersen MP, Lipscomb GL, Schut GJ, Kelly RM, Adams MWW. 2014. Deletion of acetyl-CoA synthetases I and II increases production of 3-hydroxypropionate by the metabolically-engineered hyperthermophile Pyrococcus furiosus. Metab Eng 22, 83-88

새로운 열수 생태계
발견의 여정

신아영, 김동성, 정민규

여행에 놀이의 즐거움이 가득하다면 탐사에는 발견의 기쁨이 춤춘다. 2017년 7월 25일 우리나라 인도양 탐사 연구팀은 들뜬 마음으로 인천공항을 출발했다. 인도양 탐사를 위한 기지가 되는 싱크탱크를 갖춘 최첨단 연구탐사선 이사부호가 이미 오래전에 한국의 거제도 남해연구소 선착장을 출항해 인도양 남서부에 위치한 작은 섬나라 모리셔스에 거의 근접 중이었다. 아프리카로부터 남동쪽에 위치한 마다가스카르섬에서 좀 더 동쪽으로 가면 만날 수 있는 섬나라 모리셔스는 힘들고 험난한 역사를 지니고 있다. 네덜란드, 프랑스, 영국의 식민 지배를 잇달아 받다가 1968년에야 영국으로부터 독립했다. 하지만 자연경관은 무척이나 빼어난 곳이다.

모리셔스에 도착한 연구팀은 탐사 준비물을 다시 한번 점검한 뒤

7월 28일 전원이 이사부호에 올랐다. 그리고 곧장 인도양 탐사 목적지를 향했다. 탑승자는 총 55명이며, 연구원 22명(한국해양과학기술원 17명, 서울대 3명, 이화여대 2명), 이사부호 승무원 26명, 관측사 4명, 보안요원 3명으로 구성되었다.

지금은 뜸하지만, 언론에 왕왕 오르내린 사건이 있다. 우리에게 '아덴만 사건'으로 익숙한 해적 사건이다. 해상에서 발생하는 예기치 않은 사건들은 그 해결이 쉽지 않고, 아주 고약할 때가 많다. 그래서 어떤 경우든 사전 경계가 최선책이다. 이번 탐사에 포함된 해역 중에도 해적의 출현 가능성이 있는 곳도 있어 보안요원 동참은 필수적이었다. 총기 및 기타 해적 대응용 무기를 소지한 보안요원들은 위험 해역에서 수행하는 탐사팀 주변을 줄곧 지켜줬다. 실제 탐사 과정은 길고 긴 시간과의 싸움이었다. 탐사 목표 달성을 위해 탐사팀의 활동은 밤낮이 따로 없이 계속 이어졌고, 보안요원들은 그 주변에서 24시간 경계했다. 또한 돌발 상황에 대비한 훈련도 소홀히 하지 않았다. 인도양 탐사는 매년 약 한 달 동안 수행된다. 연구팀은 그때그때 전문분야별로 교체되지만, 보안요원들은 매년 탐사 때마다 항상 같은 요원들이 탑승해 연구팀의 안전에 최선을 다한다. 덕분에 무사히 인도양 연구 탐사를 마친 우리 탐사팀은 예정된 대로 스리랑카의 콜롬보 항구에 내려 다시 대한민국 인천공항으로 귀국했다.

먼 거리, 긴 탐사

　2022년의 탐사 일정은 7월 25일부터 8월 18일까지(연구선 탑승 기간: 7월 28일~8월 16일)였고, 총항해 거리는 4,824km였다. 코로나19로 탐사가 중단된 2020년을 제외하면, 우리나라의 인도양 탐사는 지난 2017년부터 2022년까지 매년 약 한 달씩 이루어진 장기 프로젝트였다(사진 1, 2).

　해마다 연구선에는 약 55~59명(이사부호 정원 60명)의 탐사 인원이 탑승한다. 2019년 역시 인원은 58명으로 예년과 다르지 않았으나 구성원이 다양했다. 한국해양과학기술원 20명, 서울대 3명, 이화여대 1명, 인하대 1명으로 이루어진 연구원 외에도 모리셔스 정부 감독관

[사진 1] 그림에서는 그동안의 인도양 탐사지역을 한눈에 볼 수 있도록 탐사항적도 및 거리를 표시했다. 2017년에는 4,824km, 2018년 3,079km, 2019년 2,413km에 해당한다.

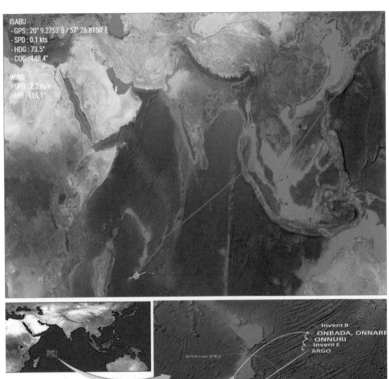

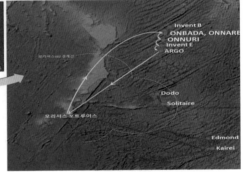

[사진 2] 2020년에는 코로나19로 인해 탐사가 취소되었으며, 2021년 탐사 거리는 6,429km로 다른 해의 2배 정도였고, 2022년 탐사는 3,647km로 예년 수준이었다.

1명과 국제교육관련자로 ISA 교육생 2명이 함께 했다. 이른바 국제적인 탐사가 이루어진 해였다. 대한민국의 인도양 탐사는 이렇게 구성된 탐사팀과 함께 인도양에 위치한 나라 모리셔스의 수도이자 항만도시인 포트루이스를 중심으로 활약하고 있다.

굳이 포트루이스 항구를 선택한 데는 이유가 있다. 인도양 탐사를

[사진 3] 연구 탐사선 이사부호는 모리셔스 국가 포트루이스 항구를 중심으로 항해 계획이 만들어진다. 탐사 전후로는 경유하는 과정에서 급유나 음식물 선적, 비행편 등의 여러 이유로 스리랑카의 콜롬보 항구나 몰디브, 두바이 등에 잠시 머물기도 한다. 마지막 사진은 해적 출몰 지역에서 24시간 주변을 감시하는 보안요원의 모습으로, 탐사 과정에서는 가능성은 작지만 혹시 모를 일에 철저히 대비한다.

함께 하는 여러 다른 연구팀과 일정도 조절해야 하고, 연구선의 급유나 구성원의 식량을 조달하기 좋은 조건 등을 갖춘 곳이 필요했다. 여러 경우의 수를 고려한 우리는 싱가포르나 두바이 또는 유럽을 경유해 모리셔스로 가서 이사부호에 승선하는 것이 가장 효율적이라 판단했다. 게다가 탐사가 끝나면 연구원들은 다시 모리셔스로 가서 비행기로 귀국하거나, 이사부호가 한국으로 돌아오는 길에 스리랑카의 콜롬보 항구나 몰디브 등을 이용할 때도 있다. 이렇게 경유지가 생길 때는 가능한 한 경유 국가의 해양 관련 기관이나 연구소 등과 국제협력 미팅을 잡기도 하고, 활용하던 연구 장비의 점검 및 시급한 시료의 후처리를 하기 위해 잠시 머무는 경우가 있다. 때로는 비행 일정을 맞추기 위해 경유 도시에 잠시 머물기도 한다. 빠듯한 탐사 일정이지만 이렇게 짬이 날 때도 있어, 연구원들은 이런 시간을 알차게 활용해 낯선 곳의 풍경을 만끽하곤 한다. 마음 한쪽에는 연구실로 돌아가 채취한 시료 분석 등 파고들어야 할 작업이 첩첩이 쌓여 있지만, 경유지를 거치는 짧은 시간에는 탐사 기간 내내 높게는 4~5m의 파고를 견디며 연구선에서 보낸 고단했던 시간에 대한 보상도 조금이나마 받는다(사진 3).

코로나19와 탐사와의 전쟁

코로나19는 2019년에 시작되었고, 앞으로도 언제 끝날지 알 수 없다. 코로나19가 한창인 2021년 우리 탐사팀에도 참으로 웃기 힘든 일들이 일어났다. 물론 2020년에는 세계적 차원의 팬데믹이 발생해 해외 탐사 자체가 불가능했다. 우리나라 정부 부처 및 관련 기관 회의를 통해서도 인도양 탐사 중단이 결정되었다. 하지만 우리 탐사팀은 코로나19의 전파 추이를 봐가면서 2021년에는 어떻게든 계획한 탐사를 추진하기 위해 많은 노력을 기울였다. 게다가 2021년에는 처음으로 심해잠수정 운영비가 연구비에 반영되어, 캐나다가 보유한 최첨단 심해무인잠수정 '로포스'의 임차 계약도 확정된 상태였기 때문이다. 하지만 당시 상황은 녹록지 않았다. 예년처럼 연구원들은 비행기로 두바이나 싱가포르를 거쳐 모리셔스에서 연구선 이사부호로 탑승할 계획이었다.

그런데 인천을 출발해 제삼국을 거쳐 모리셔스로 입국하는 과정이 코로나19 때문에 매우 복잡해졌고, 모리셔스 입국 시 코로나 감염자가 발생하면 그와 접촉한 사람들 모두 최소 2주 이상을 육상에서 격리해야 하는 상황이었다. 또한 모리셔스에서 실시하는 PCR 검사 후 음성 판정을 받아서 모두 무사히 연구선에 탑승하더라도 예기치 않게 모리셔스 포트루이스 항을 출발한 뒤 연구원 중 양성 잠재자가 있어서 이로 인해 연구선 이사부호 선실 내에 감염자가 연달아 발생할 경우 모든 탐사는 일시에 중지될 수밖에 없다. 이렇게 되면 수년에 걸쳐 수립한 탐사 자체를 취소하고 다시 항구로 돌아와서 육상 격리 및 치료를 받아야 한다. 이런 상황이 발생한다면 우리의 탐사 계획은 완전히 취소될 수밖에 없다.

대형 연구선이라 하더라도 이사부호는 공간이 제한된 독립된 선박이다. 연구선 특성상 약 60명 정도의 사람들이 식당이나 연구실, 실험실 등 좁은 공간에서 같이 생활해야 한다. 이 때문에 한 명의 감염자가 나오면 빠르게 확산될 가능성이 크다. 제한된 공간에서 전파력 강한 코로나19에 현명하게 대응하기 위해서는 너무나도 많은 문제들을 풀어야 했다. 연구와 탐사는 지적 역량을 갖춘 과학자들이 서로 만나서 논의하지 않으면 안 되고, 집단 지성의 힘을 빌려 수립한 계획을 실행하는 것이다. 이마를 맞대고 밤잠을 설쳐가며 수립한 인도양 탐사 목표를 이루기 위해 우리는 변화하는 상황에 적절히 대응하고 반복에 반복을 거듭하며 수많은 회의를 제한된 공간에서 갖지 않을 수 없었다. 눈에 보이지 않는 인도양 심해 탐사를 나선 우리 연구원 앞에는 코로나19라는 또 다른 눈에 보이지 않는 장애물이 있었던 것이다.

팬데믹이 끝나지 않은 채, 변이된 바이러스인 오미크론이 빠르게 퍼지고 있다는 소식을 접한 우리는 2021년에는 계획을 조금 변경했다. 예년과 달리 총 55명의 탑승자(승무원, 관측사, 연구원, 보안요원, 캐나다 잠수정 관계자) 모두를 한국의 거제도 한국해양과학기술원 남해연구소로 집합시켜서 연구선 이사부호가 출항할 때 탑승시킨다는 계획이었다. 말하자면 비행 경유국 모리셔스의 입국도 없애고 모리셔스 포트루이스 항에서 연구선 이사부호로의 이동 탑승도 중지시킨 것이다. 그 대신 한국의 거제도에서 곧장 인도양 탐사 해역으로 가서 현장 탐사를 마친 뒤에 모리셔스로 입국하는 탐사 일정으로 바꾸었다. 간단한 조정처럼 보이지만 이것은 하루가 바쁜 연구원들에게는 많은 시간적 손실이 따른다. 한국에서 인도양 해역까지 이사부호로 이동하는 데 걸리는 기간만 20일 이상이다. 이 기간 내내 전문적인 연구에 골몰해야 하는 연구원들이 연구선에 타고 이동만 해야 한다. 평소라면 비행기를 타고 2~3일 걸려 목적지인 모리셔스로 가서 연구선 탑승 후

곧바로 탐사에 임할 수 있었다. 그러나 조정된 일정은 그보다 몇 배의 시간 소모를 요했다. 하지만 보이지 않는 바이러스로 인한 갖가지 위험과 그 불확실성을 최대한 줄이려면 이 방법밖에 없었다. 그 결과, 모두 탑승 일주일 전과 하루 전, 두 번에 걸친 PCR 검사, 또 탑승 후 일주일간 매일 아침 자가진단 키트에 의한 코로나 검사 및 2주간에 걸친 체온 체크를 해야 했다. 이처럼 철저한 검사를 통해 출발 전 탐지된 확진자는 탐사에서 제외하거나 다른 구성원으로 대체하고, 출항 후 확진자 발생 시에는 다시 한국으로 귀국한다는 계획을 수립했다.

천만다행으로 2021년 인도양 탐사에서 출항 전 PCR 검사와 출항 후 검사에서 단 한 명의 양성자도 발생하지 않아 무사히 탐사 목적지까지 갈 수 있었다. 우리가 이룩한 인도양 탐사의 성공에는 보이지 않는 것들과 맞서 싸워 슬기롭게 이겨내야 했던 것들이 수두룩하다. 이것은 이어지는 내용에서 역력히 확인할 수 있을 것이다.

어쨌든 이런 과정을 거쳐 우리 탐사팀은 코로나 팬데믹 중에 거제도를 출항해 인도양 탐사를 계속할 수 있었다. 물론 그 이전에도 소소한 사건들이 없지 않았다. 첫 번째 사건은 제시간에 도착하지 않은 물류 문제였다. 부산항으로 오기로 한 심해무인잠수정 로포스와 관련 장비 컨테이너가 코로나19로 인한 물류대란을 겪었다. 부산항에서 이루어지는 하역 작업이 늦어지는 바람에 예정된 날짜에 하역되지 못하고 일주일 이상 지체되는 상황이 발생했다. 사정을 알아보니 다른 컨테이너를 잔뜩 실은 머스크 해운사가 그 지체 시간을 더는 기다릴 수 없다며 중국으로 그냥 가버렸다는 것이다. 문제는 거기서 끝나지 않았다. 중국에 입항한 후 그 짐을 그냥 항구에 내려버렸다는 점이다. 로포스는 이번 탐사에서 그 중요성이 가장 큰 장비 중 하나로, 반드시 다시 한국으로 돌아와야 했다.

일차로 탐사 출발이 지연되자 해외 출장과 관련된 모든 행정도 다시 수립해야 했다. 그런데 지연된 날짜에 맞춰 새롭게 일정을 짜고 준비까지 마치자 또 다른 예기치 않은 일이 발생했다. 이번에는 대자연의 방해였다. 중국에서 한국으로 오기로 한 배가 태풍 때문에 다시 지체된다는 소식이었다. 하려던 일이 원하지 않는 방향으로만 진행되는 머피의 법칙Murphy's law이 따로 있지 않았다. 그래도 포기할 수는 없기에 우리는 또다시 일정을 미루고 미루기를 거듭했고, 모든 탐사 일정을 재구성해 나갔다.

마침내 우리가 학수고대하던 탐사 관련 장비가 중국으로부터 부산항으로 무사히 도착했다. 이전 일정에 맞추어 미리 도착해 있던 잠수정팀 세 명과 심해무인잠수정, 전용 윈치, 동력 장치 등 관련 장비를 이사부호에 실어 설치했다. 뒤이어 탐사 시 잠수정 운용에 필요한 보충 인원 네 명이 마지막으로 탐사 출발 3일 전에 한국에 도착했다. 그들 모두 캐나다 출국 전 PCR 검사 음성 판정을 받고 비행기에 탑승했다. 그런데 한국에 입국하면서 인천공항에서 받은 PCR 검사에서 불행하게도 한 명이 양성 판정을 받았다. 이것으로 말미암아 또다시 인도양 탐사는 연기될 수밖에 없었다. 하지만 그들의 자가 격리가 끝나는 시점에 출발하려고 하니, 이번엔 더 큰 역경이 우리를 기다리고 있었다. 우리의 탐사 목적지인 인도양으로 가려면 지나가야 할 대만 근처에 태풍이 올라와 머무르는 바람에 일정이 또다시 연기되었다. 우여곡절을 겪으며 치러야 했던 네 차례의 일정 연기는 이루 말할 수 없는 희망 고문 같았다.

그렇게 우여곡절 끝에 한 달 정도 뒤늦게 이사부호는 인도양 탐사를 위해 마침내 출항했다. 정현종 시인의 작품 제목처럼 이를 '고통의 축제'라고 할 수 있을까. 수많은 우여곡절 끝에 우리는 2021년 인도양 탐사를 무사히 마쳤고, 기쁨을 누릴 수 있었다. 탐사 일정에 숱한 난관이 있었지만, 2021년은 우리 탐사팀에게 아무것도 발견하지 못한 한 해가 아니었기 때문이다. 우리는 새로운 인도양 열수분출공 생물 군집을 두 군데나 발견하는 쾌거를 이뤘다. 이는 전 세계가 공유해야 할 대한민국의 과학적 성과다. 그간 겪은 온갖 고초들은 이 발견의 기쁨으로 인해 한 번에 씻겨 내려갔다.

여러 예기치 않은 돌발 상황으로 인해 2021년 인도양 탐사 일정은 다른 해보다 1.5~2배 정도로 늘어나 총 40여 일에 걸쳐 이루어졌다. 다음에 이어진 2022년 탐사는 5~6월에 진행되었다. 전년의 상황에 비할 바는 아니지만, 2022년 인도양 탐사 역시 여전히 코로나가 만연한 가운데 추진되었다. 이미 겪은 수많은 복잡함과 변화무쌍한 상황 가운데 수행한 탐사였고, 앞서 2021년에 새롭게 발견한 열수생물들에 대한 본격적인 채집과 환경 분석 작업이었다. 이를 성공적으로 끝내고 탐사자 전원이 코로나 감염 없이 무사히 다시 인천공항으로 입국했다.

최첨단 장비 소개

모든 탐사에는 갖가지 관측, 탐사, 채집, 분석 장비가 필요하다(사진 4). 대양에서, 그것도 수심 깊은 심해 자료나 시료를 확보하려면 첨단 과학기술이 적용된 고가의 수준 높은 정밀 장비가 절대적이다. 이 장비들의 기능을 알면 망망대해에서 이루어지는 연구들이 어떻게 수행되고, 이를 통해 무엇을 얻고자 하는지 대략이나마 이해할 수 있을 것이다. 장비 중 활용도가 가장 높고 중시되는 몇 가지를 간략히 살펴보자.

- **다중음향측심기**Multi-beam Echo Sounder: 배의 밑바닥에서 다중 음향신호를 발사해 수심과 해저지형을 동시에 관측·기록한다.
- **CTD**: 해수 채취 및 수층별 수온, 염분 측정 등 해양의 기본 물리적 파라미터를 관측해 선상에서 데이터를 실시간으로 읽고 저장하는 장비다.
- **소형 플룸 자동기록기**Miniature Autonomous Plume Recorder, MAPR: CTD 및 무인잠수정 장비 본체나 케이블에 장착해서 수심, 탁도turbidity, 수온 및 산화환원전위의 변화를 측정한다.
- **다중 주상퇴적물 시료 채취기**Multiple Corer: 함수율이 높은 표층퇴적물을 교란시키지 않고 보존된 상태로 채취할 수 있는 장비로서 한 번에 여덟개의 채취기corer를 사용해 최대 60cm의 주상퇴적물 시료를 채취할 수 있다.

- **예인식 암석 채취기**Rock Dredge: 주로 해저 밑의 작은 암석들을 채집할 때 사용하는 장비로, 굵은 쇠 그물로 된 바구니가 달린 견고한 틀로 해저를 긁어서 암석을 채취한다.

- **상자형 퇴적물 채취기**Box Corer: 채취기가 바닥에 닿으면 채취기 몸통에 연결된 고무줄이 방아쇠를 작동시켜 중력으로 채집기 상자가 하강, 퇴적물 속으로 들어가고 선상에서 줄을 감아올릴 때 삽 모양의 받침대가 상자를 닫아 교란과 시료 오염을 최소한으로 줄여서 바닥의 퇴적물 시료를 채취하는 장비다. 수심 200m 이상의 해저 퇴적물을 채집하는 데 가장 효율적인 장비로 지질학적, 생물학적 연구에 활용도가 매우 높다.

- **다수층 플랑크톤 채집기**Multiple Opening/Closing Net and Environmental Sampling System, MOCNESS: 동물플랑크톤 채집기로, 여러 개의 네트로 원하는 수층에서 생물을 채집할 수 있는 장비다. 또한 수온, 염분 등의 해양 관측 센서를 부착해 플랑크톤의 수심별 다층 채집과 동시에 해양 환경 관측을 수행할 수 있다.

- **TV 그랩**: 수천 미터 해저의 시료 채취를 위한 철제 프레임 그랩으로 해저면의 퇴적물, 열수 침전물, 생물 시료 등을 연구선의 실험실에서 동영상을 이용해 실시간으로 관측, 확인하면서 채취할 수 있다.

- **로포스**ROPOS, Remotely Operated Platform for Ocean Science: 해양과학용 원격 조정 플랫폼: 모선과 연결되어 원격으로 운용되는 ROV로, 해저 영상 자료의 획득 및 로봇팔을 활용한 목표 심해생물의 채집과 해저

[사진 4] ① 다중음향측심기 ② CTD ③ 소형 플룸 자동기록기 ④ 다중 주상퇴적물 시료 채취기 ⑤ 예인식 암석 채취기 ⑥ 상자형 퇴적물 채취기 ⑦ 다수층 플랑크톤 채집기 ⑧ TV 그랩 ⑨ 무인잠수정.

면 정밀 조사가 가능한 장비다. 인도양 탐사에서는 심해 열수 분출 지역 탐색과 각종 열수생물의 채집 및 퇴적물 획득, 열수 환경 자료 측정에 사용되었다.

• **위치 측정 장비**Satellite Positioning & Motion System： 위치GPS: global positioning system, 위성항법시스템 및 자세motion 측정 시스템으로 연구선의 운항 위치는 물론 탑재된 연구 장비 운용 시 측정 위치를 정확하게 알려주며, 배의 흔들림에 의한 자세를 보정해준다. 이사부호에 장착되어 있다.

- **탐사 정보 관리 시스템**ISABU-Net: 이사부호에 장착된 장비로, 항해 및 탐사 활동에 필요한 모든 정보 즉, 선체의 움직임 정보, 선박 운항 관련 정보, 탐사 장비 운용 정보, 선내 네트워크 등 연구선에서 운용되거나 활용되는 모든 장비들의 정보를 연구선 내 연구원들에게 공유하고 분배해주는 기능을 한다.
- **천부지층 탐사기**Sub-Bottom Profiler: 해저 지층에 대한 고해상도의 정보를 획득하기 위한 장비로서 파라메트릭parametric 음원으로 해저면을 포함한 해저 지층에서 반사되어온 신호를 처리해 하부의 지층 정보를 얻는 장비다. 이사부호에 장착되어 있다.

탐사의 이런저런 이야기

탐사선 이사부호에는 각종 해양 정보를 실시간으로 알 수 있는, 메인랩main lab으로 불리는 대량의 모니터실이 있다(사진 5). 보통 탐사할 때는 연구원들이 이 메인랩에 모여 각종 모니터를 통해 탐사 장비의 운용 과정 전체를 관찰하며, 해저 밑에서 이루어질 장비의 작동과 관련한 일정 및 그 밖의 탐사 작업의 일정을 조정하고 변경하는 등 탐사의 시작부터 마무리까지 세부적인 지침을 수립하고 실행한다. 이와 더불어 탐사 목적지로 이동하는 도중에는 모든 연구원이 선박 안 회의실에서 탐사 전에 세웠던 각종 연구에 대한 계획들을 현지의 기상 상황이나 여건에 맞게 다시 세부적인 계획을 조정하고 수립하는 시간

[사진 5] ① 거제도 출항 직전의 탐사원들 ② 모리셔스에 정박 중인 이사부호에 승선하는 모습 ③ 메인랩의 실시간 해양 정보 모니터 ④–⑤선내에서 일정 회의를 하는 모습 ⑥ 모니터를 통한 해저 상황 관찰 ⑦ TV 그랩 채집 풍경 ⑧ TV 그랩으로 채집한 생물 ⑨ 채집한 퇴적물에서 각종 생물을 선별하는 모습 ⑩–⑪ 채집된 암석을 표본으로 만들어 연구하는 모습 ⑫ 선상에서 야간에 동물플랑크톤을 분석하는 작업 ⑬ 중형저서생물 실시간 분석 작업 ⑭ 미생물 선상 배양 작업 ⑮ 대형저서생물 실시간 분석 작업 ⑯ 심해무인잠수정 야간작업.

을 갖기도 한다. 그리고 매일매일 당일 탐사가 끝나면 탐사 결과를 토대로 그다음 날 계획을 다시 설정하는 작업도 진행한다.

탐사가 시작된 바로 그해에는 주로 카메라가 장착된 TV 그랩을 사용해 수천 미터 아래의 생물들을 사진과 함께 채집했다(사진 5 ⑦~⑨). 채집된 퇴적물과 생물 시료들은 각 연구원에 의해 분류되고, 연구원들은 이를 선내 실험실로 옮겨서 각자 목적에 맞게 재분류한 뒤 각종 실험을 한다. 필요한 생물은 현미경을 통해 다시 세부적으로 분류해 사진을 찍기도 한다. 특히 유전적 정보를 얻기 위해서는 생물의 일정 부분을 특정의 실험용 용액을 사용해 고정하기도 한다. 한편, 가능한 한 선상에서 오랫동안 특정 생물을 실시간 배양하는 연구도 동시에 진행한다. 이는 살아 있는 생명체로부터 원하는 연구 결과를 얻기 위한 작업의 일환이라 할 수 있다. 이러한 작업은 전 연구원을 주간 조와 야간 조 두 팀으로 나눠 각각 12시간씩 운영한다. 이로써 24시간 가동하는 연구 전략으로 현장 연구에 임하는 것이 일반적이다.

탐사 기간은 대략 한 달 정도 소요된다. 이 기간에는 연구선에서 24시간 꼼짝 못 하고 연구와 생활을 병행해야 하기에, 탐사팀들이 무엇보다 중요하게 생각하는 것이 안전이다. 물론 육체적 안전이 가장 중요하고, 그에 못지않게 중요한 것이 정신적 안전이다. 제한된 공간에서 24시간 내내 탐사와 연구만 하면서 함께 지내야 하기에 각각의 스트레스나 심리적 압박감을 적절히 해소해줄 이벤트도 가끔 마련해야 한다. 연구선에는 체력 단련을 위한 간단한 장비들이 준비되어 있고, 방음이 아주 잘된 작은 노래방 시설도 갖춰져 있다. 탁구대는 탐사자들이 가장 즐기는 체육 시설 중 하나다. 그 외 각종 도서가 갖춰진 도서실, 유료로 구입한 각종 영화와 드라마 관람 시설 등이 갖춰져 있어서 구성원마다 각자 근무 중 휴식 시간이나 근무가 없는 시간에

[사진 6] ① 적도제 풍경 ② 탐사 단체복 ③ 윷놀이하는 모습 ④이사부호의 체력단련실 ⑤ 선상 바비큐 ⑥ 작업이 모두 끝나고 돌아오는 길의 선상 파티 ⑦ 해적을 대비한 울타리 ⑧ 2022년 탐사에 참여한 캐나다 잠수정팀과 함께한 기념촬영 ⑨ 탐사 후 모리셔스의 해양국과 미팅을 가졌다.

취향에 맞게 여가를 활용할 수 있다.

탐사를 통해 성취해야 할 공동체 정신을 드높이는 소규모 행사도 열린다. 탑승자 전원이 단체작업복을 만들어 함께 입는다든지, 적도를 지나갈 때는 짬을 내어 안전한 항해를 바라며 갑판에서 지내는 제사의 일종인 '적도제'를 올리기도 한다. 또한 모든 탐사가 끝나고 탐사선이 육지로 이동하는 동안에는 시간이 허락되면 세시풍속의 하나인 윷놀이를 하거나 잃어버린 입맛을 돋우기 위해 선상 바비큐 파티도 연다(사진 6). 간혹 작업을 모두 끝내고 육지로 이동하는 기간이 너무 긴 탐사도 없지 않다. 그럴 때 긴 이동 시간의 장점을 이용해 작은 상품을 걸고 '선상 가요제'를 개최한 한 적도 있다. 재미와 놀이를 통해 탐사 한 달간 고된 작업으로 인한 긴장과 피로를 풀고 서로를 격려하는 시간이다. 또한 탐사마다 전문분야별로 다른 연구원이 탑승하는 특성상 배의 구성원들이 서로에 대해 조금씩 더 알아가는 시간이기도 하다. 인도양 탐사는 해양 전문 연구원들의 내면적 풍경이 뒤섞이는 과정이기도 하다.

대한민국이 발견한 '온누리' '온바다' '온나래'

우리나라 인도양 탐사는 2017년부터 막이 올랐다. 선도국들에 비해 무려 40여 년 뒤처진 것이 사실이다. 게다가 우리로서는 역사상 첫 열수 생태계 탐사였기에 부담감이 실로 컸다.

태평양, 대서양과 비교해 갖가지 이유로 비교적 연구가 덜 수행된 인도양을 탐사 해역으로 선택한 데는 몇 가지 이유가 있다. 주된 이유 중 하나는 인도양 탐사가 다른 국가들에 의해 이루어진 사례가 많지 않아 새로운 열수 생태계가 발견될 가능성이 크다는 것이었다. 다른 하나는 같은 연구원의 심해저 광물팀(손승규, 김종욱)이 몇 차례에 걸쳐 열수광물자원 탐사 작업을 하면서 인도양에서 활발한 열수분출공이 존재할 수 있다는 근거가 될 정보를 얻었기 때문이다. 바로 이런 두 가지 이유를 근간으로 우리는 심해저 광물팀의 도움을 받아 2018

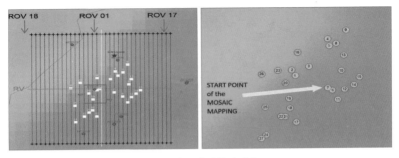

[사진 7] 온누리 열수지역에서 발견된 분출공의 위치 및 개수.

년 새로운 열수 생태계 지역인 '온누리 열수지역'을 발견하고 그 지역
에서 TV 그랩을 이용해 열수성 생물 시료들을 대량으로 확보할 수
있었다.

이 지역의 정밀 탐사는 2021년, 2022년 잠수정 로포스에 의해 이
루어졌다. 특히 이 지역의 수심은 약 2,000m(1,978~2,009m) 전후였
고, 열수가 뿜어져 나오는 곳은 대략 27군데 정도로 확인되었다(사
진 7). 온누리 열수지역은 그동안 인도양에서 발견된 '카이레이', '에
드먼드', '도도', '솔리테어' 지역과는 다르게 높은 열수 침니, 즉 굴뚝
을 갖고 있지 않다는 것이 가장 큰 특징이었다. 다시 말해, 이 지역은
넓은 작은 언덕 위에 또 다른 작은 언덕들이 서로 이어져 있고 그 가
운데 굴뚝과 같은 형태 없이 지표면으로부터 뜨거운 물이 곧바로 뿜
어져 나오는, 인도양에서는 아주 특이하고 유일한 형태를 보여주는
열수 생태계였던 것이다. 각각의 분출구에서 측정한 플룸의 온도는
101~213℃의 범위 안이었다.

온누리 열수 생태계 지역은 [사진 8]에서 볼 수 있는 것처럼 작은

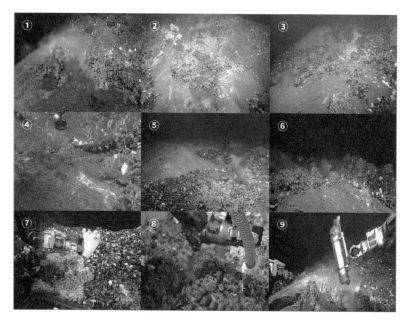

[사진 8] 온누리 열수지역과 생물 및 퇴적물 채집 광경. (④)퇴적물 채집은- 푸시 코어러로 진행했으며, (⑦)생물 – 은 플라스틱 작은 삽으로, (⑧) 생물은 흡입 채집기로, (⑨)해수는 니스킨 채수기|niskin bottle를 사용했다.

언덕들이 겹쳐져 이어진 형태다. 그 중심부에서 뜨거운 물, 즉 열수가 뿜어져 나오고 주변으로는 다양한 생물들이 대량으로 밀집해 서식하고 있는 모습이었다. 이곳을 선정한 우리는 푸시 코어러를 이용해서 퇴적물과 이 퇴적물에 살고 있는 미소생물들을 채집했다. 그리고 작은 삽scoop을 사용해 큰 생물을 떠서 상자 안에 담았다. 그와 함께 청소기처럼 공기를 빨아들이는 기능을 지닌 흡입 채집기suction sampler로 열수 주변에 서식하는 새우나 게 등과 같이 움직임이 활발한 생물들을 채집했다.

온누리 열수역은 다른 열수지역과 비교해 생물 종의 조성이 통계적으로 다르게 나타났다. 이 지역은 앞서 설명한 바와 같이 다른 인도양 열수지역과는 다소 차이가 있는 확산 흐름 지역diffuse flow vent으로 판단되었다. 이 지역에서는 다수의 홍합류, 고둥류, 장님게, 새우류, 여러 종의 갯지렁이류들이 살고 있었다. 이 지역은 우리나라 독자적으로, 우리나라 연구진들에 의해, 우리나라가 만든 장비로, 지금껏 그 누구도 발견하지 못한 세계의 심해, 인도양에서 처음으로 발견한 첫 열수 탐사 연구 지역이었다. 이 발견 이후 수십 편의 과학 논문을 작성해 과학계에 발표하는 아주 획기적인 업적을 남기게 되었다.

온누리 열수 생태계를 발견한 3년 뒤인 2021년, 우리는 또 다른 새로운 열수 생태계 발견에 도전했다. 그 결과, 우리 탐사팀은 '온바다' 열수역과 '온나래' 열수역 두 군데를 발견하게 된다. 이 두 지역은 2021년 10월에 발견하고, 2022년 6월 본격적인 시료 채집 탐사를 마친 지역이며, 지금도 두 지역의 생물과 생태계 특성에 관해 실험 및 분석을 계속해서 진행하고 있다. 게다가 아직 관련 학계에 보고하지 않은 내용도 적지 않다. 그런 점에서 온누리 지역과 마찬가지로 이 두 지역의 세부적인 내용이나 상황까지 이 책에 세세히 언급하기엔 다소 어려움이 있다. 다만 독자들의 과학적 호기심과 후학들의 연구에 관한 도전정신을 이끌어내는 차원에서 언급 가능한 내용을 간략히 들려주고자 한다.

우리 연구팀에게 발견의 기쁨을 가득 선사한 '온바다' 지역은 20m에 달하는 아주 길고 큰 굴뚝 여러 개가 일렬로 중세의 성벽처럼 나

[사진 9] 온바다 열수지역, 상당히 길고 큰 열수 침니(약 20m)가 나열되어 있었으며, 굴뚝에서는 검은 연기가 활발히 뿜어져 나오고 있었다. 굴뚝의 벽면이나 침니의 기저부 주변에는 전형적인 열수생물 군집이 형성되어 있었다.

열되어 있고(총 11개 발견), 그 굴뚝 벽면에 많은 생물이 다닥다닥 붙어서 서식하고 있었다(사진 9). 굴뚝에서는 그 유명한 검은 연기 블랙 스모크가 뭉게뭉게 활발하게 뿜어져 나왔다. 발견된 수심은 대략 2,500m 전후의 깊이였다. 그런데 이 연기가 분출하는 곳의 온도는 놀랍게도 307~347℃ 범위에 달하고 있어서 지금까지 발견된 진 세계 열수지역과 비교해 아주 높은 온도였다. 물론 우리가 발견한 세 지역의 열수 중에서도 이곳이 가장 높은 온도를 보였다. 이곳에 사는 생물들은 전형적인 열수생물 군집의 모습을 하고 있었고, 절지동물, 연

[사진 10] 온나래 열수지역. 온바다와 마찬가지로 열수 침니의 군락을 발견했는데, 온바다보다는 낮은 크기의 침니들이 불규칙적으로 산재해 있었다. 여기서도 열수생물 군집의 전형적인 생태계가 발견되었다.

체동물들이 주를 이뤘다.

세 번째로 발견된 '온나래' 열수지역은 수심 약 3,000m 정도로 우리가 발견한 열수지역 중 가장 깊었다. 크고 작은 열수 침니의 군락도 있었는데, 그 형태는 불규칙적으로 여기저기 산재해 있었다(사진 10). 약 16군데에서 열수가 분출하는 굴뚝들이 활발히 활동하고 있었고, 그 주변에는 역시 전형적인 열수생물 군집의 모습이 보였다. 플룸의 온도(블랙 스모커 측정 온도 포함)는 132~299.5℃ 사이를 나타냈고, 열수 온도는 온누리 지역보다는 높고 온바다 지역보다는 낮았다.

더 자세한 내용은 후속 탐사 연구를 통해 밝혀지겠지만, 이 글을 읽는 후학들에게는 공동 연구의 요청 기회가 될 듯하다. 인도양 열수, 그 비밀의 심해 세계로 여러분을 초대한다.

그리고 연구는 계속된다

2021년과 2022년, 두 해에 걸쳐 심해무인잠수정을 활용해 탐사한 결과, 열수분출공 해역에서 실제 영상을 기반으로 한 공간 분포도eco-mapping를 작성하는 데 성공했다. 이른바 조사 해역에서 열수분출공 생물 군집의 서식지 특성과 분포를 분석하기 위해 탐사 기간에 무인 잠수정에 장착한 고해상도 카메라와 비디오카메라를 사용해 해저면 및 서식 생물의 영상을 촬영한 것이다. 그중 '온바다'에서는 수직 타워형 침니인 4번 침니를, '온나래'에서는 역시 수직 타워형 침니인 3번 침니를 30도씩 방향을 바꿔가며 아래서 위로 촬영했다. 이런 영상들이 더 정밀하게 분석되고 겹쳐지면 해당 해역의 생물 분포를 [사진 12]처럼 상세히 파악할 수 있다. 이 결과는 그 지역 생태계의 여러 특성을 밝히는 데 아주 귀중한 자료가 된다. 이런 내용은 우리가 수행한 인도양 심해 탐사의 단편적인 한 연구 사례를 보여주는 것이다.

우리가 발견한 세 곳의 열수지역은 다시 주제별로 수십 개의 연구로 나뉘어 수십 명의 연구원들에 의해 실험과 분석이 이루어지고 있다. 그 결과는 각 연구원이 속한 과학계의 전문 저널에 투고함으로써 널리 알려 우리의 업적으로 인정받을 것이다. 그리고 연구는 계속될

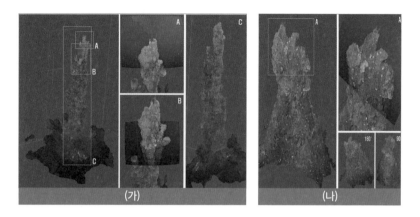

[사진 11] (가) 온바다 열수지역의 열수분출공 #4, (나) 온나래 열수지역의 열수분출공 #3를 3D Mosaic 작업으로 표현한 서식지 영상도(그림: 민원기).

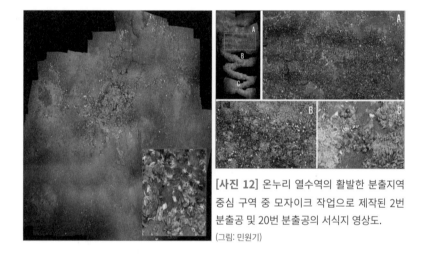

[사진 12] 온누리 열수역의 활발한 분출지역 중심 구역 중 모자이크 작업으로 제작된 2번 분출공 및 20번 분출공의 서식지 영상도.
(그림: 민원기)

것이다. 내친김에 하나 더, 이런 생명체 속에서 우리 연구원들은 인류에게 필요한 유용물질, 기능유전자, 유전정보, 신물질, 신약 재료 같은 유익한 결과물들을 찾아내려는 노력도 병행하고 있다는 사실을 강조하고 싶다.

지금까지 간략하게나마 대한민국 과학자들이 인도양 공해상에서 전 세계 네 번째로 발견한 열수분출공 온누리, 온바다, 온나래와 그곳에서 이루어지는 연구들을 소개했다. 좋은 일은 나눌수록 배가 된다고 했다. 아무도 다가가지 못해 베일에 싸여 있던 인도양 심해에서 우리가 발견의 기쁨을 누렸으니, 이를 공유하면 얼마나 많은 공감을 촉발할 수 있을까? 그 답은 먼저 발견의 기쁨을 맛본 우리도 아직은 예측할 수 없다. 심해도 미지의 세계지만, 심해 열수에서 찾은 발견의 기쁨을 장차 누가 어떻게 창의적으로 활용할지도 아직 미지의 영역이기 때문이다.

우리 연구팀은 앞으로도 인도양 어딘가에 존재할 수 있는, 새로운 열수분출공과 새로운 생물 또는 신물질 등의 탐사 연구를 계속해서 추진할 예정이다. 물론 우리의 심해 탐사는 겉보기에는 무척 더디고 힘든 여정이다. 하지만 이런 고된 여정은 분명 인류 전체의 공감을 얻는 거대한 발걸음이 될 것이라 믿는다. 나아가 2024년부터 5년간, 우리 탐사팀은 인도양뿐 아니라 서태평양에서도 열수 생태계 연구를 진행할 연구 과제를 기획하고 있다. 축적된 역량을 기반으로 한 향후 탐사 계획과 수준 높은 연구가 잇달아 쏟아지면 대한민국 심해 탐사 연구는 전 세계 과학계가 주목하는 과학적 업적으로 이어질 것이다. 그리고 대한민국과 국민에게도 유익한 결과물을 가져다줄 수 있으리라 확신한다. 우리 심해 탐사 연구팀의 연구 역량과 도전정신, 지치지 않는 열정이 빚어낼 앞으로의 연구 성과에 독자들의 많은 관심과 격려를 기대한다.

찾아보기

과학자들은 왜 깊은 바다로 갔을까?

초판 1쇄 발행 2022년 10월 15일

지은이 김동성 외 30인
기획·감수 최영호
발행인 안병현
총괄 이승은 **기획관리** 박동옥 **편집장** 임세미
기획편집 김혜영 정혜림 **디자인** 이선미 **마케팅** 신대섭 배태욱 **관리** 조화연

발행처 주식회사 교보문고
등록 제406-2008-000090호(2008년 12월 5일)
주소 경기도 파주시 문발로 249
전화 대표전화 1544-1900 **주문** 02)3156-3694 **팩스** 0502)987-5725

ISBN 979-11-5909-819-2 (03450)
책값은 표지에 있습니다.